线性代数导学教程

沈阳建筑大学理学院《线性代数导学教程》编写组　主编

北京理工大学出版社
BEIJING INSTITUTE OF TECHNOLOGY PRESS

图书在版编目(CIP)数据

线性代数导学教程 / 沈阳建筑大学理学院《线性代数导学教程》编写组主编. —北京：北京理工大学出版社,2019.8 (2022.8 重印)

ISBN 978-7-5682-7446-3

Ⅰ.①线…　Ⅱ.①沈…　Ⅲ.①线性代数-高等学校-教材　Ⅳ.①O151.2

中国版本图书馆 CIP 数据核字(2019)第 176922 号

出版发行 / 北京理工大学出版社有限责任公司
社　　址 / 北京市海淀区中关村南大街 5 号
邮　　编 / 100081
电　　话 / (010)68914775(总编室)
(010)82562903(教材售后服务热线)
(010)68944723(其他图书服务热线)
网　　址 / http://www.bitpress.com.cn
经　　销 / 全国各地新华书店
印　　刷 / 唐山富达印务有限公司
开　　本 / 787 毫米×1092 毫米　1/16
印　　张 / 7
字　　数 / 165 千字
版　　次 / 2019 年 8 月第 1 版　2022 年 8 月第 3 次印刷
定　　价 / 25.00 元

责任编辑 / 多海鹏
文案编辑 / 孟祥雪
责任校对 / 周瑞红
责任印制 / 李志强

前　言

《线性代数导学教程》是配套沈阳建筑大学孙海义、靖新主编的辽宁省一流课程《线性代数》教材编写的导学教程。根据教学安排，对每一次课堂教学的主要内容进行了概括性总结，并配有同步作业，典型例题解题流程图等。本教材主要面向理工科院校的学生，可作为线性代数课程的配套导学使用，也可供使用该教材的教师作为教学参考。

编写这本《线性代数导学教程》，主要是为了满足广大工科、经济类、管理类等非数学专业的学生学习线性代数的需要，期望能对提高线性代数的教学质量有所帮助，帮助学生掌握线性代数的教学基本要求。

本导学教程按照教材的讲课内容概括了知识点并安排了相应的作业题，题型包括填空题、选择题、计算题和证明题。本书以基础性习题为主，主要侧重基本概念、基本知识和基本技能的训练，突出教材重点、难点。同时适当考虑了提高能力题。

为了方便学生线上、线下和课上、课下学习，本书还以二维码方式给出了若干个线代作业题的数学实验即用 MATLAB 求解的结果；还增加了对难理解的内容的课件 PDF 文件以及难题讲解的 PDF 文件，学生可以通过扫码方式深入学习有关知识。

本书的出版得到了高等学校大学数学教学研究与发展中心教改项目（编号：CMC20190406）、中国建设教育协会教育教学科研课题（编号：2019149）、辽宁省教育厅科学研究项目（编号：lnjc202018，lnzd202007）、沈阳建筑大学一流教材立（jc20190205）和沈阳建筑大学课程思政项目（编号：2019-KCSZ-002，20200202）的资助。本教材的出版，得到沈阳建筑大学教务处、北京理工大学出版社同志们的大力支持，在此表示衷心的感谢！

本书第一章、第二章由靖新编写；第三章由缪淑贤编写；第四章由郑莉编写；第五章由孙海义编写。全书习题部分由郑莉统筹规划，内容部分由靖新、孙海义统稿，全书由靖新主审。

由于编者水平有限，疏漏之处在所难免，恳请广大读者批评指正。

编　者

目 录

第一章　行列式 ………………………………………………………………………… (1)
1.1　二阶与三阶行列式 ……………………………………………………………… (2)
1.2　全排列及其逆序数 ……………………………………………………………… (3)
1.3　n 阶行列式的定义 ……………………………………………………………… (6)
1.4　对换 ……………………………………………………………………………… (8)
1.5　行列式的性质 …………………………………………………………………… (8)
1.6　行列式按行(列)展开 …………………………………………………………… (12)
1.7　克拉默法则——用行列式求解 n 元线性方程组 ……………………………… (14)
第一章　自测题 ……………………………………………………………………… (15)
第二章　矩阵及其运算 ………………………………………………………………… (18)
2.1　矩阵的概念 ……………………………………………………………………… (20)
2.2　矩阵的运算 ……………………………………………………………………… (20)
2.3　方阵的逆矩阵 …………………………………………………………………… (25)
2.4　分块矩阵与矩阵的分块运算 …………………………………………………… (27)
2.5　矩阵的初等变换与初等矩阵 …………………………………………………… (33)
2.6　矩阵的秩 ………………………………………………………………………… (36)
2.7　线性方程组的有解定理 ………………………………………………………… (39)
第二章　自测题 ……………………………………………………………………… (40)
第三章　向量组的线性相关性 ………………………………………………………… (43)
3.1　n 维向量的概念 ………………………………………………………………… (44)
3.2　向量组及其线性组合 …………………………………………………………… (44)
3.3　向量组的线性相关性及其简单性质 …………………………………………… (46)
3.4　向量组的秩及其和矩阵的秩的关系 …………………………………………… (50)
3.5　向量的内积、长度及正交性 ……………………………………………………… (56)

3.6 正交矩阵及其性质 …………………………………………………………… (57)
3.7 向量空间 ………………………………………………………………………… (58)
第三章 自测题 ……………………………………………………………………… (59)
第四章 线性方程组 ……………………………………………………………… (61)
4.1 齐次线性方程组的基础解系与解空间 ………………………………… (62)
4.2 非齐次线性方程组解的结构及其求解方法 …………………………… (66)
第四章 自测题 ……………………………………………………………………… (68)
第五章 相似矩阵及二次型 ……………………………………………………… (71)
5.1 方阵的特征值与特征向量 ………………………………………………… (72)
5.2 相似矩阵 ………………………………………………………………………… (77)
5.3 实对称矩阵的相似对角化 ………………………………………………… (80)
5.4 二次型及其标准形 …………………………………………………………… (82)
5.5 正交相似变换化简二次型 ………………………………………………… (86)
5.6 用配方法化简二次型为标准形 …………………………………………… (87)
5.7 正定二次型与正定矩阵 …………………………………………………… (88)
第五章 自测题 ……………………………………………………………………… (89)
作业及自测题参考答案 ………………………………………………………… (93)

难题讲解

线性代数导学教程

班级:　　　　　　学号:　　　　　　姓名:　　　　　　任课教师:

授课章节	第一章　行列式　1.1　二阶与三阶行列式;1.2　全排列及其逆序数
目的要求	1. 掌握二阶与三阶行列式的定义及运算; 2. 了解全排列及逆序数
重点难点	重点:三阶行列式的对角线展开; 难点:复杂排列的逆序数计算

主要内容:

学习笔录:

一、二阶与三阶行列式

1. 二阶与三阶行列式的概念

行列式在线性代数中仅仅是一个工具,我们要学会观察行列式的结构特点,发现行列式中数据的排列规律,会计算行列式的值.

定义 1.1.1　称

$$\begin{vmatrix} a_{11} & a_{12} \\ a_{21} & a_{22} \end{vmatrix}$$

为二阶行列式,其值等于 $a_{11}a_{22}-a_{12}a_{21}$.

定义 1.1.2　称

$$\begin{vmatrix} a_{11} & a_{12} & a_{13} \\ a_{21} & a_{22} & a_{23} \\ a_{31} & a_{32} & a_{33} \end{vmatrix}$$

为三阶行列式,其值等于

$$a_{11}a_{22}a_{33}+a_{12}a_{23}a_{31}+a_{13}a_{21}a_{32}-a_{11}a_{23}a_{32}-a_{12}a_{21}a_{33}-a_{13}a_{22}a_{31}$$

2. 二阶与三阶行列式的计算

对角线法则只适用于二阶、三阶行列式. 对于四阶及四阶以上的行列式不能使用对角线法则.

二、全排列及逆序数

为了描述 n 阶行列式定义,需要引入全排列、逆序数及奇排列和偶排列概念.

定义 1.2.1　由 n 个自然数 1,2,…,n 组成的一个有序数组称为一个 n 级全排列(简称为排列).

定义 1.2.2　在一个排列中,如果一对数的前后位置与大小顺序相反,即前面的数大于后面的数,那么这一对数就构成一个逆序,一个排列中逆序的总数就称为这个排列的逆序数.

定义 1.2.3　逆序数为偶数的排列称为偶排列;逆序数为奇数的排列称为奇排列.

班级： 学号： 姓名： 任课教师：

学习笔录：

三、难题解答

例题 1 求解关于变量 x 的方程：

$$\begin{vmatrix} 1 & 1 & 1 \\ 2 & 3 & x \\ 4 & 9 & x^2 \end{vmatrix}=0$$

解 用对角线法则，将方程左端的三阶行列式 D 展开为：

$$\begin{aligned} D &= 3x^2+4x+18-9x-2x^2-12 \\ &= x^2-5x+6 \\ &= (x-2)(x-3) \end{aligned}$$

令 $D=0$，解得 $x=2$ 或 $x=3$.

本次课作业：

1.1 二阶与三阶行列式

1. 填空题：

(1) $\begin{vmatrix} \cos a & -\sin a \\ \sin a & \cos a \end{vmatrix}=$________；

(2) $\begin{vmatrix} a & ab \\ b & b^2 \end{vmatrix}=$________；

(3) $\begin{vmatrix} 2 & 0 & 1 \\ 1 & -4 & -1 \\ -1 & 8 & 3 \end{vmatrix}=$________；

(4) 三阶行列式 $\begin{vmatrix} x & 3 & 4 \\ -1 & x & 0 \\ 0 & x & 1 \end{vmatrix}=0$，则 $x=$________.

2. 用计算行列式方法求解下列线性方程组：

(1) $\begin{cases} 4x+3y=5, \\ 3x+4y=6; \end{cases}$

学习笔录：

（2）$\begin{cases} 2x_1-3x_2+x_3=-1, \\ x_1+x_2+x_3=6, \\ 3x_1+x_2-2x_3=-1. \end{cases}$

1.2　全排列及其逆序数

1. 选择题：

（1）排列 134782695 的逆序数为________.

A. 9　　B. 10　　C. 11　　D. 12

（2）下列排列中________是偶排列.

A. 4312　　B. 51432　　C. 45312　　D. 654321

2. 确定 i 与 j，使：

（1）$1245i6j97$ 为奇排列；（2）$3972i15j4$ 为偶排列.

3. 求下列排列的逆序数：

（1）$13\cdots(2n-1)24\cdots(2n)$；

（2）$13\cdots(2n-1)(2n)(2n-2)\cdots2$.

线性代数导学教程

班级：　　　　学号：　　　　姓名：　　　　任课教师：

授课章节	第一章　行列式　1.3　n 阶行列式的定义；1.4　对换；1.5　行列式的性质
目的要求	1. 理解 n 阶行列式的定义； 2. 会计算几个特殊的 n 阶行列式； 3. 会用行列式的性质计算行列式
重点难点	重点：n 阶行列式的定义； 难点：n 阶行列式的计算及证明

主要内容：

一、n 阶行列式的定义

1. 定义

定义 1.3.1　称

$$\begin{vmatrix} a_{11} & a_{12} & \cdots & a_{1n} \\ a_{21} & a_{22} & \cdots & a_{2n} \\ \vdots & \vdots & & \vdots \\ a_{n1} & a_{n2} & \cdots & a_{nn} \end{vmatrix}$$

为 n 阶行列式，其值等于所有取自不同行不同列的 n 个元素乘积的代数和

$$\sum_{j_1 j_2 \cdots j_n} (-1)^{\tau(j_1 j_2 \cdots j_n)} a_{1j_1} a_{2j_2} \cdots a_{nj_n}$$

其中，$j_1 j_2 \cdots j_n$ 是 $1,2,\cdots,n$ 的一个排列；$\tau(j_1 j_2 \cdots j_n)$ 是 $j_1 j_2 \cdots j_n$ 排列的逆序数；$\sum\limits_{j_1 j_2 \cdots j_n}$ 是对所有 n 级排列求和. 习惯上，我们记：

$$D = \begin{vmatrix} a_{11} & a_{12} & \cdots & a_{1n} \\ a_{21} & a_{22} & \cdots & a_{2n} \\ \vdots & \vdots & & \vdots \\ a_{n1} & a_{n2} & \cdots & a_{nn} \end{vmatrix}$$

用 $a_{ij}(1 \leqslant i, j \leqslant n)$ 表示 D 中第 i 行第 j 列元素. 行列式简记为 $\det(a_{ij})$.

2. 两个特殊行列式

(1) 三角形行列式.

主对角线以下(上)的元素都为零的行列式叫作上(下)三角形行列式.

n 阶上三角形行列式的值等于主对角元素的乘积，即：

学习笔录：

学习笔录：

$$D=\begin{vmatrix} a_{11} & a_{12} & \cdots & a_{1n} \\ 0 & a_{22} & \cdots & a_{2n} \\ \vdots & \vdots & & \vdots \\ 0 & 0 & \cdots & a_{nn} \end{vmatrix}=a_{11}a_{12}\cdots a_{nn}$$

(2) 对角形行列式.

主对角线以外的元素都为零的行列式叫作对角形行列式,其值等于主对角元素的乘积.

引入行列式的性质之前需首先引入对换的概念.

二、对换的定义

定义 1.4.1 在一个排列中,将任意两个自然数互换位置,其余的自然数不动,就得到另一个排列.这种对排列的变换称为对换.

定理 1.4.1 对换改变排列的奇偶性.

三、行列式的性质

性质 1 行列式与它的转置行列式相等.即 $D=D^{\mathrm{T}}$.

性质 2 互换行列式的两行(列),行列式反号.即 $D_1=-D_2$.

性质 3 若行列式的两行(列)对应元素相同,则行列式为零.

性质 4 行列式的一行(列)的所有元素同时乘以一个数 k,等于用数 k 乘以此行列式.

性质 5 行列式的一行(列)的所有元素的公因子 k,可以提到行列式的外面.

性质 6 如果行列式中的一行(列)为零,则行列式为零.

性质 7 如果行列式中的两行(列)成比例,则行列式为零.

性质 8

$$\begin{vmatrix} a_{11} & a_{12} & \cdots & a_{1n} \\ \vdots & \vdots & & \vdots \\ b_{i1}+c_{i1} & b_{i2}+c_{i2} & \cdots & b_{in}+c_{in} \\ \vdots & \vdots & & \vdots \\ a_{n1} & a_{n2} & \cdots & a_{nn} \end{vmatrix}=\begin{vmatrix} a_{11} & a_{12} & \cdots & a_{1n} \\ \vdots & \vdots & & \vdots \\ b_{i1} & b_{i2} & \cdots & b_{in} \\ \vdots & \vdots & & \vdots \\ a_{n1} & a_{n2} & \cdots & a_{nn} \end{vmatrix}+\begin{vmatrix} a_{11} & a_{12} & \cdots & a_{1n} \\ \vdots & \vdots & & \vdots \\ c_{1i} & c_{i2} & \cdots & c_{in} \\ \vdots & \vdots & & \vdots \\ a_{n1} & a_{n2} & \cdots & a_{nn} \end{vmatrix}$$

性质 9 把行列式的某一行(列)的各元素的 k 倍加到另一行(列)对应的元素中,行列式的值不变.

学习笔录：

四、计算行列式的思路流程图(见图 1-1)

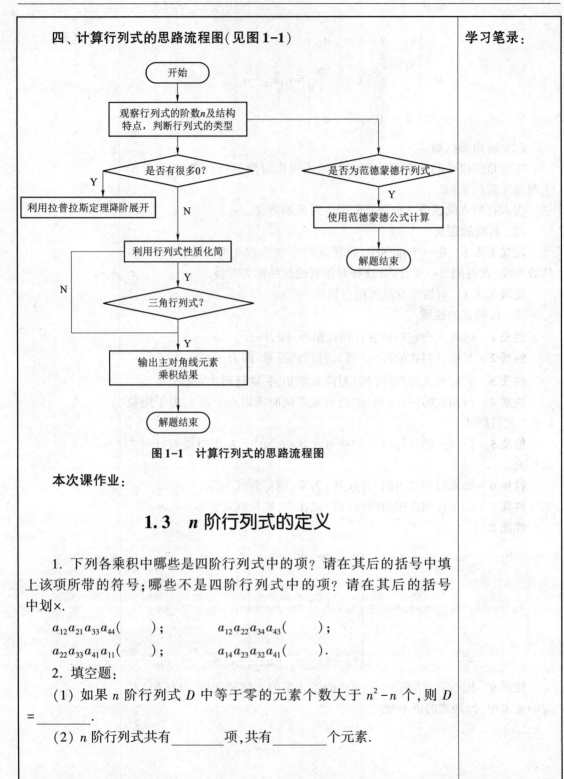

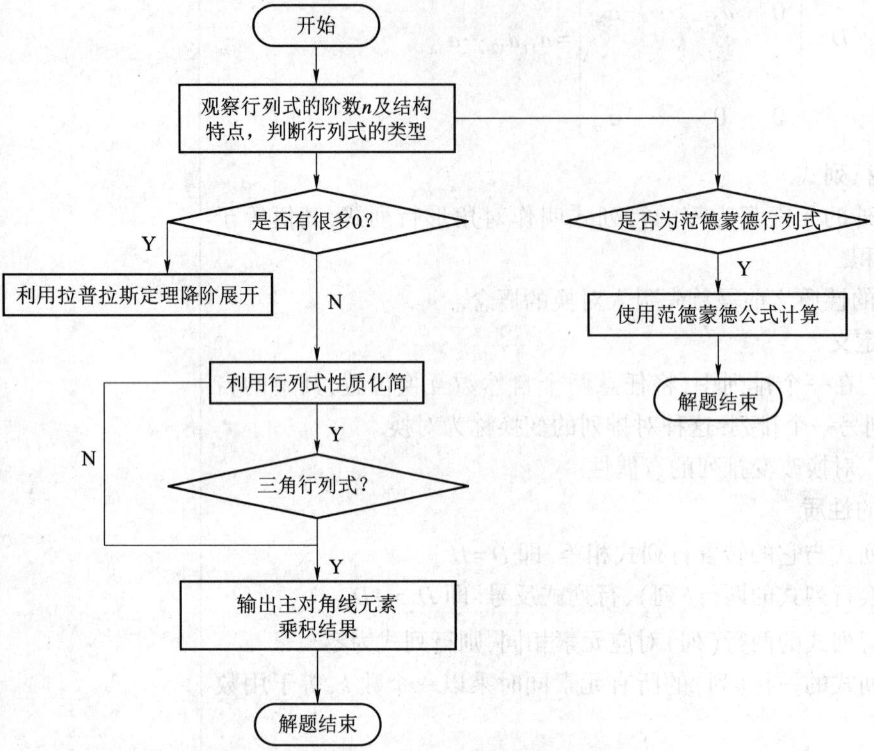

图 1-1　计算行列式的思路流程图

本次课作业：

1.3　*n* 阶行列式的定义

1. 下列各乘积中哪些是四阶行列式中的项？请在其后的括号中填上该项所带的符号；哪些不是四阶行列式中的项？请在其后的括号中划×.

$a_{12}a_{21}a_{33}a_{44}$(　　　)；　　　$a_{12}a_{22}a_{34}a_{43}$(　　　)；

$a_{22}a_{33}a_{41}a_{11}$(　　　)；　　　$a_{14}a_{23}a_{32}a_{41}$(　　　).

2. 填空题：

(1) 如果 n 阶行列式 D 中等于零的元素个数大于 n^2-n 个，则 D = ________.

(2) n 阶行列式共有________项，共有________个元素.

班级：　　　　　　学号：　　　　　　姓名：　　　　　　任课教师：

学习笔录：

（3）设 $D=\begin{vmatrix} 2 & 8 & 11 & -7 \\ 5 & 4 & x & 1 \\ 3 & x & -5 & 6 \\ 1 & 0 & 8 & 0 \end{vmatrix}$，则 D 的展开式中 x^2 的系数为________.

3．计算行列式：

（1）$\begin{vmatrix} a & b & c \\ b & c & a \\ c & a & b \end{vmatrix}$；　　（2）$\begin{vmatrix} 1 & 1 & 1 & 0 \\ 0 & 1 & 0 & 1 \\ 0 & 1 & 1 & 1 \\ 0 & 0 & 1 & 0 \end{vmatrix}$；

（3）$\begin{vmatrix} 0 & 0 & 0 & a \\ 0 & 0 & b & 0 \\ 0 & c & 0 & 0 \\ d & 0 & 0 & 0 \end{vmatrix}$；　　（4）$D=\begin{vmatrix} 0 & 1 & 0 & \cdots & 0 \\ 0 & 0 & 2 & \cdots & 0 \\ \vdots & \vdots & \vdots & & \vdots \\ 0 & 0 & 0 & \cdots & n-1 \\ n & 0 & 0 & \cdots & 0 \end{vmatrix}$.

班级：　　　　学号：　　　　姓名：　　　　任课教师：

学习笔录：

1.4 对换　　1.5 行列式的性质

1. 填空题：

(1) 每列元素之和等于零的行列式的值为________；

(2) 如果 $\begin{vmatrix} a_{11} & a_{12} & a_{13} \\ a_{21} & a_{22} & a_{23} \\ a_{31} & a_{32} & a_{33} \end{vmatrix} = M$，则 $\begin{vmatrix} a_{11} & -a_{12} & a_{13} \\ 2a_{21} & -2a_{22} & 2a_{23} \\ 3a_{31} & -3a_{32} & 3a_{33} \end{vmatrix} =$ ________；

(3) 三阶 $D = \begin{vmatrix} 1+a_1 & 2k+5a_1 & 3+4a_1 \\ 1+a_2 & 2k+5a_2 & 3+4a_2 \\ 1+a_3 & 2k+5a_3 & 3+4a_3 \end{vmatrix} =$ ________；

(4) $\begin{vmatrix} 1 & 2 & 7 & -6 \\ 4 & 2 & 2 & 13 \\ 0 & 0 & 1 & 0 \\ 0 & 0 & 0 & -1 \end{vmatrix} =$ ________.

2. 计算下列行列式：

(1) $\begin{vmatrix} 246 & 427 & 327 \\ 1\,014 & 543 & 443 \\ -342 & 721 & 621 \end{vmatrix}$；　　(2) $\begin{vmatrix} 1 & 2 & 3 & 4 \\ 2 & 3 & 4 & 1 \\ 3 & 4 & 1 & 2 \\ 4 & 1 & 2 & 3 \end{vmatrix}$；

学习笔录：

(3) $\begin{vmatrix} a_0 & 1 & 1 & \cdots & 1 \\ 1 & a_1 & 0 & \cdots & 0 \\ 1 & 0 & a_2 & \cdots & 0 \\ \vdots & \vdots & \vdots & & \vdots \\ 1 & 0 & 0 & \cdots & a_n \end{vmatrix}$（其中，$a_0a_1\cdots a_n\neq 0$）；

(4) $\begin{vmatrix} a & b & b & \cdots & b \\ b & a & b & \cdots & b \\ b & b & a & \cdots & b \\ \vdots & \vdots & \vdots & & \vdots \\ b & b & b & \cdots & a \end{vmatrix}$；

班级：　　　　学号：　　　　姓名：　　　　任课教师：

学习笔录：

(5) $\begin{vmatrix} a_1 & 0 & b_1 & 0 \\ 0 & c_1 & 0 & d_1 \\ a_2 & 0 & b_2 & 0 \\ 0 & c_2 & 0 & d_2 \end{vmatrix}$.

3. 计算 $D_n=\begin{vmatrix} 1+a_1 & 1 & \cdots & 1 \\ 1 & 1+a_2 & \cdots & 1 \\ \vdots & \vdots & & \vdots \\ 1 & 1 & \cdots & 1+a_n \end{vmatrix}$（其中，$a_1a_2\cdots a_n\neq 0$）.

线性代数导学教程

班级：　　学号：　　姓名：　　任课教师：

授课章节	第一章　行列式　1.6　行列式按行(列)展开； 1.7　克拉默法则——用行列式求解 n 元线性方程组
目的要求	1. 理解行列式按行(列)展开； 2. 会用克拉默法则解 n 元线性方程组
重点难点	重点：克拉默法则； 难点：行列式按行(列)展开

主要内容：

一、行列式按行(列)展开

低阶行列式的计算比高阶行列式的计算要简便. n 阶行列式通过 $n-1$ 阶行列式降阶展开,可以降低阶数,计算简便.

1. 余子式与代数余子式的概念

定义 1.6.1　在行列式

$$\begin{vmatrix} a_{11} & \cdots & a_{1j} & \cdots & a_{1n} \\ \vdots & & \vdots & & \vdots \\ a_{i1} & \cdots & a_{ij} & \cdots & a_{in} \\ \vdots & & \vdots & & \vdots \\ a_{n1} & \cdots & a_{nj} & \cdots & a_{nn} \end{vmatrix}$$

中划去元素 a_{ij} 所在的第 i 行与第 j 列,剩下的 $(n-1)^2$ 个元素按照原来的排法构成一个 $n-1$ 阶的行列式

$$\begin{vmatrix} a_{11} & \cdots & a_{1,j-1} & a_{1,j+1} & \cdots & a_{1n} \\ \vdots & & \vdots & \vdots & & \vdots \\ a_{i-1,1} & \cdots & a_{i-1,j-1} & a_{i-1,j+1} & \cdots & a_{i-1,n} \\ a_{i+1,1} & \cdots & a_{i+1,j-1} & a_{i+1,j+1} & \cdots & a_{i+1,n} \\ \vdots & & \vdots & \vdots & & \vdots \\ a_{n1} & \cdots & a_{n,j-1} & a_{n,j+1} & \cdots & a_{nn} \end{vmatrix}$$

称为元素 a_{ij} 的余子式,记为 M_{ij}. 称 $A_{ij}=(-1)^{i+j}M_{ij}$ 为元素 a_{ij} 的代数余子式.

2. 拉普拉斯定理

行列式等于它的任一行(列)的元素与其对应的代数余子式乘积之和.

二、克拉默法则

定理　如果 n 个未知数 n 个方程的线性方程组

$$\begin{cases} a_{11}x_1+a_{12}x_2+\cdots+a_{1n}x_n=b_1, \\ a_{21}x_1+a_{22}x_2+\cdots+a_{2n}x_n=b_2, \\ \cdots \\ a_{n1}x_1+a_{n2}x_2+\cdots+a_{nn}x_n=b_n. \end{cases}$$

学习笔录：

学习笔录：

的系数组成的行列式

$$D=\begin{vmatrix} a_{11} & a_{12} & \cdots & a_{1n} \\ a_{21} & a_{22} & \cdots & a_{2n} \\ \vdots & \vdots & & \vdots \\ a_{n1} & a_{n2} & \cdots & a_{nn} \end{vmatrix}\neq 0$$

那么线性方程组有唯一解. $x_1=\dfrac{D_1}{D}, x_2=\dfrac{D_2}{D}, \cdots, x_n=\dfrac{D_n}{D}$.

其中 $D_i(i=1,2,\cdots,n)$ 的构成如下：

$$D_i=\begin{vmatrix} a_{11} & \cdots & a_{1,i-1} & b_1 & a_{1,i+1} & \cdots & a_{1n} \\ a_{21} & \cdots & a_{2,i-1} & b_2 & a_{2,i+1} & \cdots & a_{2n} \\ \vdots & & \vdots & \vdots & \vdots & & \vdots \\ a_{n1} & \cdots & a_{n,i-1} & b_n & a_{n,i+1} & \cdots & a_{nn} \end{vmatrix}$$

本次课作业：

1.6　行列式按行(列)展开

1. 填空题：

(1) 设 $f(x)=\begin{vmatrix} 2x & 3 & 1 & 2 \\ x & x & 0 & 1 \\ 2 & 1 & x & 4 \\ x & 2 & 1 & 4x \end{vmatrix}$，则 x^3 的系数为________，x^4 的系数为________，常数项为________；

(2) 设行列式 $D=\begin{vmatrix} 3 & 0 & 4 & 0 \\ 2 & 2 & 2 & 2 \\ 0 & -7 & 0 & 0 \\ 5 & 3 & -2 & 2 \end{vmatrix}$，则第四行各元素余子式之和的值为________，$D=$________；

(3) 已知 $D=\begin{vmatrix} -1 & 0 & x & 1 \\ 1 & 1 & -1 & -1 \\ 1 & -1 & 1 & -1 \\ 1 & -1 & -1 & 1 \end{vmatrix}$，则 D 中 x 的一次项系数为______；

(4) 多项式 $p(x)=\begin{vmatrix} 1 & 1 & 1 & 1 \\ a & b & c & x \\ a^2 & b^2 & c^2 & x^2 \\ a^3 & b^3 & c^3 & x^3 \end{vmatrix}$（其中，$a,b,c$ 是互不相同的数）的根是________.

班级：　　　　学号：　　　　姓名：　　　　任课教师：

学习笔录：

2. 计算 $2n$ 阶行列式 $D_{2n}=\begin{vmatrix} a & 0 & 0 & \cdots & 0 & b \\ 0 & a & 0 & \cdots & b & 0 \\ 0 & 0 & a & \cdots & 0 & 0 \\ \vdots & \vdots & \vdots & & \vdots & \vdots \\ 0 & b & 0 & \cdots & a & 0 \\ b & 0 & 0 & \cdots & 0 & a \end{vmatrix}$.

3. 已知 n 阶行列式 $|\boldsymbol{A}|=\begin{vmatrix} 1 & 3 & 5 & \cdots & 2n-1 \\ 1 & 2 & 0 & \cdots & 0 \\ 1 & 0 & 3 & \cdots & 0 \\ \vdots & \vdots & \vdots & & \vdots \\ 1 & 0 & 0 & \cdots & n \end{vmatrix}$，求第一行代数余子式之和.

班级：　　　　学号：　　　　姓名：　　　　任课教师：

学习笔录：

1.7 克拉默法则——用行列式求解 n 元线性方程组

1. λ 取何值时，齐次线性方程组.

$$\begin{cases} x_1 - 2x_2 + 3x_3 = 0, \\ 2x_1 + (\lambda-3)x_2 + 6x_3 = 0 \\ x_1 + x_2 + (\lambda-1)x_3 = 0 \end{cases}$$

，有非零解？

2. 用克拉默法则求解线性方程组 $\begin{cases} x_1+2x_2+3x_3-2x_4=6, \\ 3x_1+x_2+x_3-5x_4=14, \\ 3x_1+2x_2-x_3+2x_4=4, \\ 2x_1-3x_2+2x_3+x_4=-8. \end{cases}$

3. 已知 $\begin{vmatrix} 1 & x & y & z \\ x & 1 & 0 & 0 \\ y & 0 & 1 & 0 \\ z & 0 & 0 & 1 \end{vmatrix}=1$，求 x,y,z.

班级：　　　　学号：　　　　姓名：　　　　任课教师：

第一章 自 测 题

一、填空题：

1. 若 $a_{1i}a_{23}a_{35}a_{4j}a_{54}$ 为五阶行列式中带正号的一项，则 i = ________，j = ________；

2. 设 $A_{ij}(i,j=1,2)$ 为行列式 $D=\begin{vmatrix}2&1\\3&1\end{vmatrix}$ 中元素 a_{ij} 的代数余子式，则 $\begin{vmatrix}A_{11}&A_{21}\\A_{12}&A_{22}\end{vmatrix}$ = ________；

3. 已知四阶行列式 D 中第一行元素分别为 1,2,0,−4，第三行元素的余子式分别为 6,x,9,12，则 x = ________；

4. 多项式 $f(x)=\begin{vmatrix}4x&1&3&3\\x&x&3&1\\2&3&3x&6\\x&2&6&x\end{vmatrix}$ 中 x^4 的系数为________，x^3 的系数为________，常数项为________；

5. 如果 $\begin{vmatrix}a_{11}&a_{12}&a_{13}\\a_{21}&a_{22}&a_{23}\\a_{31}&a_{32}&a_{33}\end{vmatrix}=a$，则 $\begin{vmatrix}a_{31}&a_{32}&a_{33}\\2a_{21}-3a_{31}&2a_{22}-3a_{32}&2a_{23}-3a_{33}\\a_{11}&a_{12}&a_{13}\end{vmatrix}$ = ________.

二、填空题：

1. 行列式 D_n 为零的充分条件是________；

A. 零元素的个数大于 n　　　　B. D_n 中各列元素之和为零

C. 主对角线上元素全为零　　　　D. 次对角线上元素全为零

2. 四阶行列式 $\begin{vmatrix}a_1&0&0&b_1\\0&a_2&b_2&0\\0&b_3&a_3&0\\b_4&0&0&a_4\end{vmatrix}$ = ________；

A. $a_1a_2a_3a_4-b_1b_2b_3b_4$　　　　B. $a_1a_2a_3a_4+b_1b_2b_3b_4$

C. $(a_1a_2-b_1b_2)(a_3a_4-b_3b_4)$　　　　D. $(a_1a_4-b_1b_4)(a_2a_3-b_2b_3)$

3. 设 $A_{i1},\cdots,A_{in}$ 为 n 阶行列式 D 中第 i 行元素 $a_{i1},\cdots,a_{in}$ 的代数余子式，则下列叙述中正确的是________；

A. $a_{i1}A_{i1}+\cdots+a_{in}A_{in}=0$

B. $a_{i1}A_{i1}+\cdots+a_{in}A_{in}=D$

C. $a_{i1}A_{i1}-a_{i2}A_{i2}+\cdots+(-1)^{n-1}a_{in}A_{in}=0$

D. $a_{i1}A_{i1}-a_{i2}A_{i2}+\cdots+(-1)^{n-1}a_{in}A_{in}=D$

4. 当________时，线性方程组$\begin{cases}3x-y+\lambda z=0,\\2x+\lambda y-2z=0,\\x+z=0\end{cases}$仅有唯一解.

A. $\lambda\neq-1$ 或 $\lambda\neq4$　　B. $\lambda\neq-1$ 且 $\lambda\neq4$

C. $\lambda\neq-1$　　D. $\lambda\neq4$

三、计算下列行列式：

1. $\begin{vmatrix}\frac{3}{2} & -\frac{9}{2} & -\frac{3}{2} & -3\\ \frac{5}{3} & -\frac{8}{3} & -\frac{2}{3} & -\frac{7}{3}\\ \frac{4}{3} & -\frac{5}{3} & -1 & -\frac{2}{3}\\ 7 & -8 & -4 & -5\end{vmatrix}$；

2. $\begin{vmatrix}1 & 2 & 3 & \cdots & n-1 & n\\ 1 & -1 & 0 & \cdots & 0 & 0\\ 0 & 2 & -2 & \cdots & 0 & 0\\ \vdots & \vdots & \vdots & & \vdots & \vdots\\ 0 & 0 & 0 & \cdots & 2-n & 0\\ 0 & 0 & 0 & \cdots & n-1 & 1-n\end{vmatrix}$.

四、计算行 n 阶行列式 $D=\begin{vmatrix} 2 & 1 & 0 & 0 & \cdots & 0 & 0 & 0 \\ 1 & 2 & 1 & 0 & \cdots & 0 & 0 & 0 \\ 0 & 1 & 2 & 1 & \cdots & 0 & 0 & 0 \\ \vdots & \vdots & \vdots & \vdots & & \vdots & \vdots & \vdots \\ 0 & 0 & 0 & 0 & \cdots & 1 & 2 & 1 \\ 0 & 0 & 0 & 0 & \cdots & 0 & 1 & 2 \end{vmatrix}$.

五、用克拉默法则求解线性方程组 $\begin{cases} x_1+x_2+x_3=6, \\ x_1-2x_2+3x_3=6, \\ x_1+2x_2-3x_3=-4. \end{cases}$

六、设 a_1,a_2,a_3,a_4 各不相同，求证下列方程组有唯一解，并求出解.

$$\begin{cases} x_1+x_2+x_3+x_4=1, \\ a_1x_1+a_2x_2+a_3x_3+a_4x_4=b, \\ a_1^2x_1+a_2^2x_2+a_3^2x_3+a_4^2x_4=b^2, \\ a_1^3x_1+a_2^3x_2+a_3^3x_3+a_4^3x_4=b^3. \end{cases}$$

授课章节	第二章　矩阵及其运算　2.1　矩阵的概念；2.2　矩阵的运算
目的要求	掌握矩阵的概念及运算
重点难点	重点:矩阵的运算; 难点:矩阵的乘法

主要内容：　　　　　　　　　　　　　　　　**学习笔录：**

一、矩阵的概念与运算

1. 矩阵的概念

矩阵之所以如此重要,是因为我们不仅用它来储存数据,而且在引入矩阵运算后,可以反映某类事物的客观规律.

定义 2.1.1　由 $m\times n$ 个数 $a_{ij}(i=1,2,\cdots,m;j=1,2,\cdots,n)$ 排成 m 行 n 列的数表

$$\boldsymbol{A}=\begin{pmatrix} a_{11} & a_{12} & \cdots & a_{1n} \\ a_{21} & a_{22} & \cdots & a_{2n} \\ \vdots & \vdots & & \vdots \\ a_{m1} & a_{m2} & \cdots & a_{mn} \end{pmatrix}$$

称为 m 行 n 列矩阵,简称 $m\times n$ 矩阵. 这 $m\times n$ 个数称为矩阵 $\boldsymbol{A}$ 的元素,a_{ij} 表示矩阵 $\boldsymbol{A}$ 的第 i 行第 j 列的元素. 当 $m=n$ 时,$\boldsymbol{A}$ 称为 n 阶方阵,也记作 $\boldsymbol{A}_n$.

2. 矩阵的运算

矩阵的运算是矩阵理论的基石.

(1) 矩阵的加法运算.

定义 2.2.1　设有两个 $m\times n$ 同型矩阵 $\boldsymbol{A}=(a_{ij})$,$\boldsymbol{B}=(b_{ij})$,则 $\boldsymbol{A}$ 与 $\boldsymbol{B}$ 的和记作 $\boldsymbol{A}+\boldsymbol{B}$,规定为

$$\boldsymbol{A}+\boldsymbol{B}=(a_{ij}+b_{ij})=\begin{pmatrix} a_{11}+b_{11} & a_{12}+b_{12} & \cdots & a_{1n}+b_{1n} \\ a_{21}+b_{21} & a_{22}+b_{22} & \cdots & a_{2n}+b_{2n} \\ \vdots & \vdots & & \vdots \\ a_{m1}+b_{m1} & a_{m2}+b_{m2} & \cdots & a_{mn}+b_{mn} \end{pmatrix}$$

称矩阵 $\boldsymbol{A}$ 的负矩阵为 $-\boldsymbol{A}$,显然有

$$\boldsymbol{A}+(-\boldsymbol{A})=\boldsymbol{O}$$

矩阵的减法为

$$\boldsymbol{A}-\boldsymbol{B}=\boldsymbol{A}+(-\boldsymbol{B})$$

矩阵加法满足下列运算规律(设 $\boldsymbol{A},\boldsymbol{B},\boldsymbol{C}$ 均为 $m\times n$ 矩阵):

① $\boldsymbol{A}+\boldsymbol{B}=\boldsymbol{B}+\boldsymbol{A}$(交换律);

② $(\boldsymbol{A}+\boldsymbol{B})+\boldsymbol{C}=\boldsymbol{A}+(\boldsymbol{B}+\boldsymbol{C})$(结合律).

学习笔录：

(2) 矩阵的数乘运算.

定义 2.2.2 数 λ 与矩阵 $\boldsymbol{A}=(a_{ij})_{m\times n}$ 的乘积记作 $\lambda\boldsymbol{A}$ 或 $\boldsymbol{A}\lambda$，规定为：

$$\lambda\boldsymbol{A}=\boldsymbol{A}\lambda=\begin{pmatrix}\lambda a_{11} & \lambda a_{12} & \cdots & \lambda a_{1n}\\ \lambda a_{21} & \lambda a_{22} & \cdots & \lambda a_{2n}\\ \vdots & \vdots & & \vdots\\ \lambda a_{m1} & \lambda a_{m2} & \cdots & \lambda a_{mn}\end{pmatrix}$$

数乘矩阵满足下列运算规律（设 $\boldsymbol{A},\boldsymbol{B}$ 为 $m\times n$ 同型矩阵，λ,μ 为数）：

① $(\lambda\mu)\boldsymbol{A}=\lambda(\mu\boldsymbol{A})$；

② $(\lambda+\mu)\boldsymbol{A}=\lambda\boldsymbol{A}+\mu\boldsymbol{A}$；

③ $\lambda(\boldsymbol{A}+\boldsymbol{B})=\lambda\boldsymbol{A}+\lambda\boldsymbol{B}$.

(3) 矩阵的乘法运算.

定义 2.2.3 设 $\boldsymbol{A}=(a_{ij})$ 是一个 $m\times s$ 矩阵，$\boldsymbol{B}=(b_{ij})$ 是一个 $s\times n$ 矩阵，则规定矩阵 $\boldsymbol{A}$ 与 $\boldsymbol{B}$ 的乘积是一个 $m\times n$ 矩阵 $\boldsymbol{C}=(c_{ij})$，其中

$$c_{ij}=a_{i1}b_{1j}+a_{i2}b_{2j}+\cdots+a_{is}b_{sj}=\sum_{k=1}^{s}a_{ik}b_{kj}\ (i=1,2,\cdots m;j=1,2,\cdots n)$$

并把此乘积记作 $\boldsymbol{C}=\boldsymbol{AB}$.

注意：只有当第一个矩阵（左矩阵）的列数等于第二个矩阵（右矩阵）的行数时，两个矩阵才能相乘.

矩阵的乘法通常不满足交换律和消去律.

(4) 矩阵的转置.

定义 2.2.4 设有 $m\times n$ 矩阵

$$\boldsymbol{A}=\begin{pmatrix}a_{11} & a_{12} & \cdots & a_{1n}\\ a_{21} & a_{22} & \cdots & a_{2n}\\ \vdots & \vdots & & \vdots\\ a_{m1} & a_{m2} & \cdots & a_{mn}\end{pmatrix}$$

将 $\boldsymbol{A}$ 的行换成同序数的列所得到的 $n\times m$ 矩阵

$$\boldsymbol{A}^{\mathrm{T}}=\begin{pmatrix}a_{11} & a_{21} & \cdots & a_{m1}\\ a_{12} & a_{22} & \cdots & a_{m2}\\ \vdots & \vdots & & \vdots\\ a_{1n} & a_{2n} & \cdots & a_{mn}\end{pmatrix}$$

称为矩阵 $\boldsymbol{A}$ 的转置矩阵. 如果方阵 $\boldsymbol{A}^{\mathrm{T}}=\boldsymbol{A}$，则称 $\boldsymbol{A}$ 为对称矩阵.

矩阵的转置运算满足以下运算律（假设运算都是可行的）：

① $(\boldsymbol{A}^{\mathrm{T}})^{\mathrm{T}}=\boldsymbol{A}$；

② $(\boldsymbol{A}+\boldsymbol{B})^{\mathrm{T}}=\boldsymbol{A}^{\mathrm{T}}+\boldsymbol{B}^{\mathrm{T}}$；

学习笔录：

③ $(\lambda \boldsymbol{A})^{\mathrm{T}}=\lambda \boldsymbol{A}^{\mathrm{T}}$;

④ $(\boldsymbol{AB})^{\mathrm{T}}=\boldsymbol{B}^{\mathrm{T}}\boldsymbol{A}^{\mathrm{T}}$.

(5) 方阵 $\boldsymbol{A}$ 的行列式.

定义 2.2.5 由 n 阶方阵 $\boldsymbol{A}$ 的元素所构成的行列式(各元素的位置不变),称为方阵 $\boldsymbol{A}$ 的行列式,记作 $|\boldsymbol{A}|$ 或 $\det\boldsymbol{A}$.

注意:方阵与行列式是两个不同的概念,n 阶方阵是 n^2 个数按一定方式排成的数表,而 n 阶行列式则是由这些数按一定的运算法则所确定的一个数.

由 $\boldsymbol{A}$ 确定 $|\boldsymbol{A}|$ 的这个运算满足下列运算规律(设 $\boldsymbol{A},\boldsymbol{B}$ 均为 n 阶方阵,λ 为数):

① $|\boldsymbol{A}^{\mathrm{T}}|=|\boldsymbol{A}|$;

② $|\lambda\boldsymbol{A}|=\lambda^n|\boldsymbol{A}|$;

③ $|\boldsymbol{AB}|=|\boldsymbol{A}||\boldsymbol{B}|$.

本次课作业:

2.1 矩阵的概念　2.2 矩阵的运算

1. 计算下列乘积:

(1) $(1\quad 2\quad 3)\begin{pmatrix}3\\2\\1\end{pmatrix}$;　　(2) $\begin{pmatrix}2\\1\\3\end{pmatrix}(-1\quad 2)$;

(3) $\begin{pmatrix}2&1&4&0\\1&-1&3&4\end{pmatrix}\begin{pmatrix}1&3&1\\0&-1&2\\1&-3&1\\4&0&-2\end{pmatrix}$.

班级：　　学号：　　姓名：　　任课教师：

学习笔录：

2. 设 $\boldsymbol{A}=\begin{pmatrix}1&1&1\\1&1&-1\\1&-1&1\end{pmatrix}$，$\boldsymbol{B}=\begin{pmatrix}1&2&3\\-1&-2&4\\0&5&1\end{pmatrix}$，求 $3\boldsymbol{AB}-2\boldsymbol{A}$ 及 $\boldsymbol{A}^{\mathrm{T}}\boldsymbol{B}$.

3. 设 $\boldsymbol{A}=\begin{pmatrix}1&0\\\lambda&1\end{pmatrix}$，求 $\boldsymbol{A}^{k}$.

4. 设 $\boldsymbol{A},\boldsymbol{B}$ 均为 n 阶方阵，且 $\boldsymbol{A}$ 为对称阵，证明：$\boldsymbol{B}^{\mathrm{T}}\boldsymbol{AB}$ 也是对称阵.

班级： 学号： 姓名： 任课教师：

5. 设 3 阶方阵 $\boldsymbol{A},\boldsymbol{B}$ 满足 $\boldsymbol{A}^3-\boldsymbol{ABA}+2\boldsymbol{E}=\boldsymbol{O}$，且 $|\boldsymbol{A}-\boldsymbol{B}|=-2$，求 $|\boldsymbol{A}|$.

学习笔录：

6. 设 n 阶方阵 $\boldsymbol{A}$ 满足 $\boldsymbol{AA}^T=\boldsymbol{E}$，且 $|\boldsymbol{A}|<0$，求 $|\boldsymbol{A}+\boldsymbol{E}|$.

7. 设 $\boldsymbol{A}=\begin{pmatrix}1 & 2\\ 1 & 3\end{pmatrix}$，$\boldsymbol{B}=\begin{pmatrix}1 & 0\\ 1 & 2\end{pmatrix}$，计算 $(\boldsymbol{A}+\boldsymbol{B})^2$.

线性代数导学教程

班级：　　　　学号：　　　　姓名：　　　　任课教师：

授课章节	第二章　矩阵及其运算　2.3　方阵的逆矩阵;2.4　分块矩阵与矩阵的分块运算
目的要求	掌握求矩阵的逆矩阵的方法,理解分块矩阵及运算
重点难点	重点:矩阵的求逆; 难点:矩阵分块运算

主要内容:

学习笔录:

一、逆矩阵的概念与运算

1. 逆矩阵的定义

定义 2.3.1　对于 n 阶矩阵 $\boldsymbol{A}$,如果有一个 n 阶矩阵 $\boldsymbol{B}$,使

$$\boldsymbol{AB}=\boldsymbol{BA}=\boldsymbol{E}$$

则称矩阵 $\boldsymbol{A}$ 是可逆的,并称 $\boldsymbol{B}$ 为 $\boldsymbol{A}$ 的逆矩阵,简称逆阵.

2. 逆矩阵的求解方法之一

定理 2.3.1　n 阶方阵 $\boldsymbol{A}$ 可逆的充分必要条件是 $|\boldsymbol{A}|\neq 0$,且当 $\boldsymbol{A}$ 可逆时,有

$$\boldsymbol{A}^{-1}=\frac{1}{|\boldsymbol{A}|}\boldsymbol{A}^{*}$$

其中,$\boldsymbol{A}^{*}$ 是矩阵 $\boldsymbol{A}$ 的伴随矩阵.

3. 方阵的逆阵的运算律

(1) 若 $\boldsymbol{A}$ 可逆,则 $\boldsymbol{A}^{-1}$ 也可逆,且 $(\boldsymbol{A}^{-1})^{-1}=\boldsymbol{A}$.

(2) 若 $\boldsymbol{A}$ 可逆,数 $\lambda\neq 0$,则 $\lambda\boldsymbol{A}$ 也可逆,且 $(\lambda\boldsymbol{A})^{-1}=\frac{1}{\lambda}\boldsymbol{A}^{-1}$.

(3) 若 $\boldsymbol{A}$、$\boldsymbol{B}$ 为同阶可逆矩阵,则 $\boldsymbol{AB}$ 也可逆,且 $(\boldsymbol{AB})^{-1}=\boldsymbol{B}^{-1}\boldsymbol{A}^{-1}$.

(4) 若 $\boldsymbol{A}$ 可逆,则 $\boldsymbol{A}^{\mathrm{T}}$ 也可逆,且 $(\boldsymbol{A}^{\mathrm{T}})^{-1}=(\boldsymbol{A}^{-1})^{\mathrm{T}}$.

4. 方阵的多项式

设

$$\varphi(x)=a_0+a_1x+\cdots+a_mx^m$$

为 x 的 m 次多项式,$\boldsymbol{A}$ 为 n 阶矩阵,记:

$$\varphi(\boldsymbol{A})=a_0\boldsymbol{E}+a_1\boldsymbol{A}+\cdots+a_m\boldsymbol{A}^m$$

$\varphi(\boldsymbol{A})$ 称为矩阵 $\boldsymbol{A}$ 的 m 次多项式.

方阵的多项式的结果还是方阵.

二、分块矩阵与矩阵的分块运算

1. 分块矩阵的定义

设 $\boldsymbol{A}$ 是一个矩阵,我们在它的行或列之间加上一些直线,把这个矩阵分成若干个小块,例如,设 $\boldsymbol{A}$ 是一个 4×3 矩阵

学习笔录：

$$A=\begin{pmatrix} a_{11} & a_{12} & a_{13} \\ a_{21} & a_{22} & a_{23} \\ a_{31} & a_{32} & a_{33} \\ a_{41} & a_{42} & a_{43} \end{pmatrix}$$

我们可以把它分成如下的四块

$$A=\left(\begin{array}{c|cc} a_{11} & a_{12} & a_{13} \\ a_{21} & a_{22} & a_{23} \\ \hline a_{31} & a_{32} & a_{33} \\ a_{41} & a_{42} & a_{43} \end{array}\right)$$

用这种方法被分成若干个小块的矩阵称为分块矩阵，每一个小块称为 A 的一个子块.

2. 分块矩阵的运算

分块矩阵的运算规则与普通矩阵的运算规则相类似，分别说明如下：

(1) 分块矩阵的加法.

设矩阵 $A=(a_{ij})_{m\times n}$，$B=(b_{ij})_{m\times n}$，采用同样的分块方法，有

$$A=\begin{pmatrix} A_{11} & \cdots & A_{1r} \\ \vdots & & \vdots \\ A_{s1} & \cdots & A_{sr} \end{pmatrix},\quad B=\begin{pmatrix} B_{11} & \cdots & B_{1r} \\ \vdots & & \vdots \\ B_{s1} & \cdots & B_{sr} \end{pmatrix}$$

其中，A_{ij} 与 B_{ij} 的行数与列数都相同，则

$$A+B=\begin{pmatrix} A_{11}+B_{11} & \cdots & A_{1r}+B_{1r} \\ \vdots & & \vdots \\ A_{s1}+B_{s1} & \cdots & A_{sr}+B_{sr} \end{pmatrix}$$

(2) 数乘分块矩阵.

设 $A=\begin{pmatrix} A_{11} & \cdots & A_{1r} \\ \vdots & & \vdots \\ A_{s1} & \cdots & A_{sr} \end{pmatrix}$，$\lambda$ 为实数，则

$$\lambda A=\begin{pmatrix} \lambda A_{11} & \cdots & \lambda A_{1r} \\ \vdots & & \vdots \\ \lambda A_{s1} & \cdots & \lambda A_{sr} \end{pmatrix}$$

(3) 分块矩阵的乘法.

设 $A=(a_{ij})_{m\times l}$，$B=(b_{ij})_{l\times n}$，分别分块成

$$A=\begin{pmatrix} A_{11} & \cdots & A_{1t} \\ \vdots & & \vdots \\ A_{s1} & \cdots & A_{st} \end{pmatrix},B=\begin{pmatrix} B_{11} & \cdots & B_{1r} \\ \vdots & & \vdots \\ B_{t1} & \cdots & B_{tr} \end{pmatrix}$$

学习笔录：

其中，$A_{i1}, A_{i2}, \cdots, A_{it}(i=1,2,\cdots,s)$ 的列数分别等于 $B_{1j}, A_{2j}, \cdots, B_{tj}(j=1,2,\cdots,r)$ 的行数，则

$$AB=\begin{pmatrix} C_{11} & \cdots & C_{1r} \\ \vdots & & \vdots \\ C_{s1} & \cdots & C_{sr} \end{pmatrix}$$

其中，$C_{ij}=\sum_{k=1}^{t} A_{ik}B_{kj}(i=1,2,\cdots,s;j=1,2,\cdots,r)$.

3. 分块对角阵

在 n 阶方阵 A 的分块矩阵中，若只有在主对角线上有非零子块，而其余子块均为零矩阵，且在对角线上的子块都是方阵，即

$$A=\begin{pmatrix} A_1 & & & \\ & A_2 & & \\ & & \ddots & \\ & & & A_s \end{pmatrix}$$

其中，$A_i(i=1,2,\cdots,s)$ 都是方阵，则称 A 为分块对角阵.

分块对角阵的行列式具有下述性质：

$$|A|=|A_1|\cdot|A_2|\cdot\cdots\cdot|A_s|$$

因此，当 $|A_i|\neq 0(i=1,2,\cdots,s)$ 时，有 $|A|\neq 0$，从而可知 A 可逆，且

$$A^{-1}=\begin{pmatrix} A_1^{-1} & & & \\ & A_2^{-1} & & \\ & & \ddots & \\ & & & A_s^{-1} \end{pmatrix}$$

本次课作业：

2.3　方阵的逆矩阵

1. 求下列矩阵的逆矩阵：

(1) $A=\begin{pmatrix} \cos\theta & \sin\theta \\ \sin\theta & -\cos\theta \end{pmatrix}$；　(2) $B=\begin{pmatrix} 1 & 2 & -1 \\ 3 & 4 & -2 \\ 5 & -4 & 1 \end{pmatrix}$.

班级：　　　　学号：　　　　姓名：　　　　任课教师：

学习笔录：

2. 设 $\boldsymbol{A}=\begin{pmatrix}1 & 0 & 0\\ 2 & 2 & 0\\ 3 & 4 & 5\end{pmatrix}$，$\boldsymbol{A}^*$ 是 $\boldsymbol{A}$ 的伴随矩阵，求 $(\boldsymbol{A}^*)^{-1}$.

3. 利用逆矩阵解方程组 $\begin{cases}x_1+2x_2+3x_3=1,\\ 2x_1+2x_2+5x_3=2,\\ 3x_1+5x_2+\ \ x_3=3.\end{cases}$

4. 解矩阵方程 $\boldsymbol{X}\begin{pmatrix}2 & 1 & -1\\ 2 & 1 & 0\\ 1 & -1 & 1\end{pmatrix}=\begin{pmatrix}1 & -1 & 3\\ 4 & 3 & 2\end{pmatrix}$.

5. 设矩阵 $\boldsymbol{A}=\begin{pmatrix}1 & 1 & -1\\ 0 & 1 & 1\\ 0 & 0 & -1\end{pmatrix}$，且 $\boldsymbol{A}^2-\boldsymbol{A}\boldsymbol{B}=\boldsymbol{E}$，求 $\boldsymbol{B}$.

6. 设 $\boldsymbol{P}^{-1}\boldsymbol{A}\boldsymbol{P}=\boldsymbol{\Lambda}$，其中，$\boldsymbol{P}=\begin{pmatrix}-1 & -4\\ 1 & 1\end{pmatrix}$，$\boldsymbol{\Lambda}=\begin{pmatrix}-1 & 0\\ 0 & 2\end{pmatrix}$，求 $\boldsymbol{A}^{11}$.

学习笔录：

2.4 分块矩阵与矩阵的分块运算

1. 已知 $\boldsymbol{A}=\begin{pmatrix}5 & 2 & 0 & 0\\ 2 & 1 & 0 & 0\\ 0 & 0 & 8 & 3\\ 0 & 0 & 5 & 2\end{pmatrix}$，求 $\boldsymbol{A}^{-1}$.

2. 设 $\boldsymbol{A}=\begin{pmatrix}3 & 4 & 0 & 0\\ 4 & -3 & 0 & 0\\ 0 & 0 & 2 & 0\\ 0 & 0 & 2 & 2\end{pmatrix}$，求 $|\boldsymbol{A}^{8}|$ 及 $\boldsymbol{A}^{4}$.

学习笔录：

3. 设 n 阶方阵 $\boldsymbol{A}$ 及 s 阶方阵 $\boldsymbol{B}$ 都可逆，求 $\begin{pmatrix} \boldsymbol{O} & \boldsymbol{A} \\ \boldsymbol{B} & \boldsymbol{O} \end{pmatrix}^{-1}$.

4. 已知 $\boldsymbol{A}=\begin{pmatrix} -2 & 0 & 1 & 0 \\ 0 & 0 & 0 & -3 \\ 3 & 0 & 4 & 0 \\ 0 & -1 & 0 & 2 \end{pmatrix}$，求 $|\boldsymbol{A}|$.

线性代数导学教程

班级： 学号： 姓名： 任课教师：

授课章节	第二章　矩阵及其运算　2.5　矩阵的初等变换与初等矩阵
目的要求	1. 掌握矩阵的初等变换； 2. 理解矩阵等价的概念和性质；
重点难点	重点：熟练进行矩阵的初等变换； 难点：求矩阵的行阶梯形、标准形

主要内容：

学习笔录：

一、矩阵的初等变换及其性质

1. 矩阵的初等变换

定义 2.5.1　以下三种变换称为矩阵的初等行变换：

(1) 对调两行(对调 i,j 两行，记作 $r_i \leftrightarrow r_j$)；

(2) 以数 $k \neq 0$ 乘某一行中的所有元素(第 i 行乘 k，记作 $r_i \times k$)；

(3) 把某一行所有元素的 k 倍加到另一行对应的元素上去(第 j 行的 k 倍加到第 i 行上，记作 $r_i + kr_j$).

把定义中的“行”换成“列”，即得矩阵的初等列变换的定义(所用的记号是把“r”换成“c”).

矩阵的初等行变换与初等列变换，统称为初等变换.

三种初等变换都是可逆的，且其逆变换是同一类型的初等变换.

2. 矩阵的等价

若矩阵 $\boldsymbol{A}$ 经有限次初等行变换变成矩阵 $\boldsymbol{B}$，则称矩阵 $\boldsymbol{A}$ 与矩阵 $\boldsymbol{B}$ 行等价，记作 $\boldsymbol{A} \overset{r}{\sim} \boldsymbol{B}$；

若矩阵 $\boldsymbol{A}$ 经有限次初等列变换变成矩阵 $\boldsymbol{B}$，则称矩阵 $\boldsymbol{A}$ 与矩阵 $\boldsymbol{B}$ 列等价，记作 $\boldsymbol{A} \overset{c}{\sim} \boldsymbol{B}$；若矩阵 $\boldsymbol{A}$ 经有限次初等变换变成矩阵 $\boldsymbol{B}$，则称矩阵 $\boldsymbol{A}$ 与矩阵 $\boldsymbol{B}$ 等价，记作 $\boldsymbol{A} \sim \boldsymbol{B}$.

矩阵之间的等价关系具有下列性质：

(1) 反身性：$\boldsymbol{A} \sim \boldsymbol{A}$；

(2) 对称性：若 $\boldsymbol{A} \sim \boldsymbol{B}$，则 $\boldsymbol{B} \sim \boldsymbol{A}$；

(3) 传递性：若 $\boldsymbol{A} \sim \boldsymbol{B}$，$\boldsymbol{B} \sim \boldsymbol{C}$，则 $\boldsymbol{A} \sim \boldsymbol{C}$.

3. 行阶梯形矩阵和行最简形矩阵和矩阵的标准形

画出一条阶梯线，线的下方全为 0；每个阶梯只有一行，台阶数即为非零行的行数，阶梯线的竖线(每段竖线的长度为一行)后面的第一个元素为非零元，即非零行的第一个非零元.

行阶梯形矩阵还可以进一步化简为**行最简形矩阵**. 其特点是：非零行的第一个非零元为 1，且这些非零元所在列的其他元素全为 0.

利用初等行变换，可以把一个矩阵化为行阶梯形矩阵和行最简形矩

学习笔录：

阵，这是一种很重要的运算. 在矩阵求秩、解线性方程组等问题中有重要应用.

一个矩阵的行最简形矩阵是唯一确定的（行阶梯形矩阵中非零行的行数也是唯一确定的）.

对行最简形矩阵再施行初等列变换，可变成一种形状更简单的矩阵，称为**标准形**. 其特点是：$\boldsymbol{F}$ 的左上角是一个单位矩阵，其余元素全为0.

对于 $m\times n$ 矩阵 $\boldsymbol{A}$，总可经过初等变换把它化为标准形

$$\boldsymbol{F}=\begin{pmatrix}\boldsymbol{E}_r & \boldsymbol{O}\\ \boldsymbol{O} & \boldsymbol{O}\end{pmatrix}_{m\times n}$$

此标准形由 m,n,r 三个数完全确定，其中，r 就是行阶梯形矩阵中非零行的行数. 所有与 $\boldsymbol{A}$ 等价的矩阵组成一个集合，标准形 $\boldsymbol{F}$ 是这个集合中形状最简单的矩阵.

二、初等矩阵

1. 初等矩阵的定义

定义 2.5.2　由单位阵 $\boldsymbol{E}$ 经过一次初等变换而得到的矩阵，称为初等矩阵. 三种初等变换对应三种初等矩阵.

(1) 对调两行或对调两列.

把单位阵中第 i、j 两行对调（$r_i\leftrightarrow r_j$），得初等矩阵

$$\boldsymbol{E}(i,j)=\begin{pmatrix}1 &&&&&&&&\\ &\ddots&&&&&&&\\ &&1&&&&&&\\ &&&0&\cdots&1&&&\\ &&&&1&&&&\\ &&&\vdots&\ddots&\vdots&&&\\ &&&&&1&&&\\ &&&1&\cdots&0&&&\\ &&&&&&1&&\\ &&&&&&&\ddots&\\ &&&&&&&&1\end{pmatrix}\begin{matrix}\\ \\ \\ \leftarrow\text{第 } i \text{ 行}\\ \\ \\ \\ \leftarrow\text{第 } j \text{ 行}\\ \\ \\ \\ \end{matrix}$$

用 m 阶初等矩阵 $\boldsymbol{E}_m(i,j)$ 左乘矩阵 $\boldsymbol{A}=(a_{ij})_{m\times n}$，得

$$\boldsymbol{E}_m(i,j)\boldsymbol{A}=\begin{pmatrix}a_{11} & a_{12} & \cdots & a_{1n}\\ \vdots & \vdots & & \vdots\\ a_{j1} & a_{j2} & \cdots & a_{jn}\\ \vdots & \vdots & & \vdots\\ a_{i1} & a_{i2} & \cdots & a_{in}\\ \vdots & \vdots & & \vdots\\ a_{m1} & a_{m2} & \cdots & a_{mn}\end{pmatrix}\begin{matrix}\\ \\ \leftarrow\text{第 } i \text{ 行}\\ \\ \leftarrow\text{第 } j \text{ 行}\\ \\ \\ \end{matrix}$$

学习笔录：

其结果相当于对矩阵 $\boldsymbol{A}$ 施行第一种初等行变换：把 $\boldsymbol{A}$ 的第 i 行与第 j 行对调($r_i \leftrightarrow r_j$). 类似地，以 n 阶初等矩阵 $\boldsymbol{E}_n(i,j)$ 右乘矩阵 $\boldsymbol{A}$，其结果相当于对矩阵 $\boldsymbol{A}$ 施行第一种初等列变换：把 $\boldsymbol{A}$ 的第 i 列与第 j 列对调($c_i \leftrightarrow c_j$).

(2) 以数 $k \neq 0$ 乘某行或某列.

以数 $k \neq 0$ 乘单位矩阵的第 i 行($r_i \times k$)，得初等矩阵

$$\boldsymbol{E}(i(k)) = \begin{pmatrix} 1 & & & & & & \\ & \ddots & & & & & \\ & & 1 & & & & \\ & & & k & & & \\ & & & & 1 & & \\ & & & & & \ddots & \\ & & & & & & 1 \end{pmatrix} \leftarrow 第\ i\ 行$$

可验证，以 $\boldsymbol{E}_m(i(k))$ 左乘矩阵 $\boldsymbol{A}$，其结果相当于以数 k 乘 $\boldsymbol{A}$ 的第 i 行($r_i \times k$)；以 $\boldsymbol{E}_n(i(k))$ 右乘矩阵 $\boldsymbol{A}$，其结果相当于以数 k 乘 $\boldsymbol{A}$ 的第 i 列($c_i \times k$).

(3) 以数 k 乘某行(列)加到另一行(列)上去.

以数 k 乘 $\boldsymbol{E}$ 的第 j 行加到第 i 行上($r_i + kr_j$)，或以 k 乘 $\boldsymbol{E}$ 的第 i 列加到第 j 列上($c_j + kc_i$)，得初等方阵

$$\boldsymbol{E}(i+j(k)) = \begin{pmatrix} 1 & & & & & \\ & \ddots & & & & \\ & & 1 & \cdots & k & \\ & & & \ddots & \vdots & \\ & & & & 1 & \\ & & & & & \ddots & \\ & & & & & & 1 \end{pmatrix} \begin{matrix} \\ \\ \leftarrow 第\ i\ 行 \\ \\ \leftarrow 第\ j\ 行 \\ \\ \\ \end{matrix}$$

可验证，以 $\boldsymbol{E}_m(i+j(k))$ 左乘矩阵 $\boldsymbol{A}$，其结果相当于把 $\boldsymbol{A}$ 的第 j 行乘 k 加到第 i 行上($r_i + kr_j$)；以 $\boldsymbol{E}_n(i+j(k))$ 右乘矩阵 $\boldsymbol{A}$，其结果相当于把 $\boldsymbol{A}$ 的第 i 列乘 k 加到第 j 列上($c_j + kc_i$).

2. 初等矩阵的性质

初等变换对应初等矩阵. 因为初等矩阵是方阵且其行列式不等于零，所以是可逆的. 也可以由初等变换可逆知初等矩阵也可逆，且该初等变换的逆变换也对应该初等矩阵的逆阵.

性质 2.5.1　设 $\boldsymbol{A}$ 是一个 $m \times n$ 矩阵，对 $\boldsymbol{A}$ 施行一次初等行变换，相当于在 $\boldsymbol{A}$ 的左边乘以相应的 m 阶初等矩阵；对 $\boldsymbol{A}$ 施行一次初等列变换，相当于在 $\boldsymbol{A}$ 的右边乘以相应的 n 阶初等矩阵.

学习笔录：

定理 2.5.1 初等矩阵是可逆矩阵，且

(1) $\boldsymbol{E}(i,j)^{-1}=\boldsymbol{E}(i,j)$；

(2) $\boldsymbol{E}(i(k))^{-1}=\boldsymbol{E}\left(i\left(\frac{1}{k}\right)\right)$；

(3) $\boldsymbol{E}(i+j(k))^{-1}=\boldsymbol{E}(i-j(k))$.

推论 2.5.1 方阵 $\boldsymbol{A}$ 可逆的充分必要条件是存在有限个初等矩阵 $\boldsymbol{P}_1,\boldsymbol{P}_2,\cdots,\boldsymbol{P}_l$，使得 $\boldsymbol{A}=\boldsymbol{P}_1\boldsymbol{P}_2\cdots\boldsymbol{P}_l$.

定理 2.5.2 设 $\boldsymbol{A}$ 与 $\boldsymbol{B}$ 为 $m\times n$ 矩阵，那么

(1) $\boldsymbol{A}^r\sim\boldsymbol{B}$ 的充分必要条件是存在 m 阶可逆矩阵 $\boldsymbol{P}$，使 $\boldsymbol{PA}=\boldsymbol{B}$；

(2) $\boldsymbol{A}^c\sim\boldsymbol{B}$ 的充分必要条件是存在 n 阶可逆矩阵 $\boldsymbol{Q}$，使 $\boldsymbol{AQ}=\boldsymbol{B}$；

(3) $\boldsymbol{A}\sim\boldsymbol{B}$ 的充分必要条件是存在 m 阶可逆矩阵 $\boldsymbol{P}$ 和 n 阶可逆矩阵 $\boldsymbol{Q}$，使 $\boldsymbol{PAQ}=\boldsymbol{B}$.

推论 2.5.2 方阵 $\boldsymbol{A}$ 可逆的充分必要条件是 $\boldsymbol{A}^c\sim\boldsymbol{E}$.

若 $\boldsymbol{A}$ 经一系列初等行变换变成 $\boldsymbol{B}$，则存在可逆矩阵 $\boldsymbol{P}$，使 $\boldsymbol{PA}=\boldsymbol{B}$.

三、方阵逆矩阵的解题思路流程图(见图 2-1)

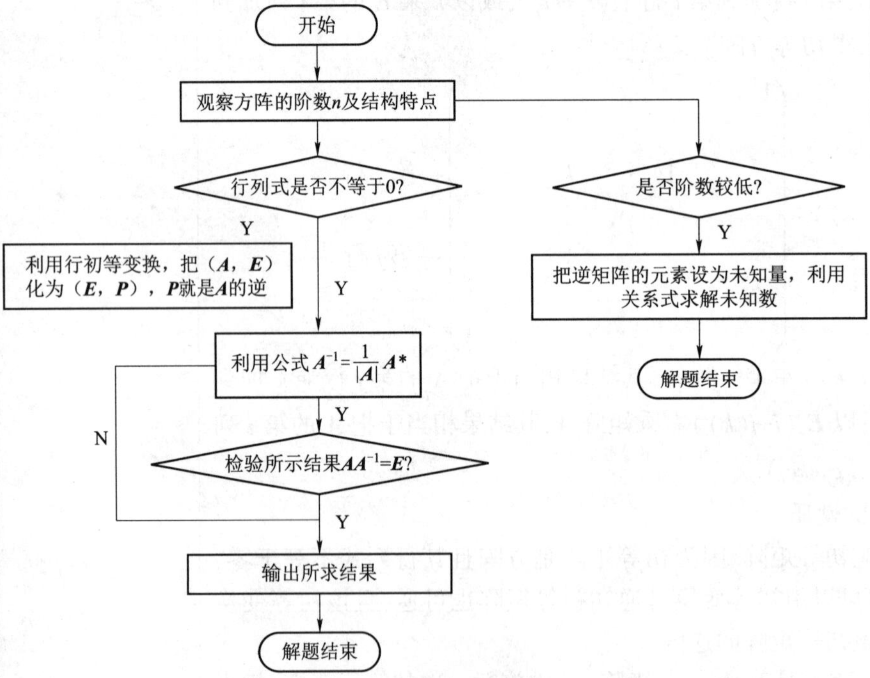

图 2-1 方阵逆矩阵的解题思路流程图

班级：　　　学号：　　　姓名：　　　任课教师：

本次课作业：

学习笔录：

2.5 矩阵的初等变换与初等矩阵

1. 填空题：

(1) 矩阵的初等行变换包括：①________；②________；③________.
矩阵的初等列变换包括：①________；②________；③________.

(2) 矩阵的初等行变换与初等列变换统称为________.

(3) 如果矩阵 $\boldsymbol{A}$ 经过有限次初等变换变成 $\boldsymbol{B}$，则矩阵 $\boldsymbol{A}$ 与 $\boldsymbol{B}$______.

2. 将下列矩阵化为行最简形矩阵：

(1) $\begin{pmatrix} 1 & 0 & 2 & -1 \\ 2 & 0 & 3 & 1 \\ 3 & 0 & 4 & 3 \end{pmatrix}$；

(2) $\begin{pmatrix} 2 & 2 & -3 & 1 \\ -2 & 3 & -4 & 3 \\ 3 & 4 & -7 & -1 \end{pmatrix}$.

3．利用初等变换求矩阵的逆矩阵：

（1）$\begin{pmatrix} 1 & 2 & -1 \\ 3 & 4 & -2 \\ 5 & -4 & 1 \end{pmatrix}$；

（2）$\begin{pmatrix} 3 & 2 & 1 \\ 3 & 1 & 5 \\ 3 & 2 & 3 \end{pmatrix}$．

4．设矩阵 $\boldsymbol{X}$ 满足 $\boldsymbol{AX}+\boldsymbol{E}=\boldsymbol{A}^2+\boldsymbol{X}$，其中，矩阵 $\boldsymbol{A}=\begin{pmatrix} 1 & 0 & 1 \\ 0 & 2 & 0 \\ 1 & 0 & 1 \end{pmatrix}$，求矩阵 $\boldsymbol{X}$．

学习笔录：

班级：　　　　学号：　　　　姓名：　　　　任课教师：

授课章节	第二章　矩阵及其运算　2.6　矩阵的秩
目的要求	1. 理解矩阵的秩的概念； 2. 掌握求矩阵的秩的方法
重点难点	重点：求矩阵的秩； 难点：用矩阵的初等变换法求矩阵的秩

主要内容：

学习笔录：

一、矩阵的秩的概念与求解

1. 矩阵的秩的概念

定义 2.6.2　设在矩阵 $\boldsymbol{A}$ 中有一个不等于 0 的 r 阶子式 D，且所有 $r+1$ 阶子式（如果存在的话）全等于 0，则称 D 为矩阵 $\boldsymbol{A}$ 的最高阶非零子式，数 r 称为矩阵 $\boldsymbol{A}$ 的秩，记作 $R(\boldsymbol{A})$. 并规定零矩阵的秩等于 0.

2. 满秩矩阵与行列式

对于 n 阶矩阵 $\boldsymbol{A}$，由于 $\boldsymbol{A}$ 的 n 阶子式只有一个，即 $|\boldsymbol{A}|$，于是当 $|\boldsymbol{A}|\neq 0$ 时，$R(\boldsymbol{A})=n$，当 $|\boldsymbol{A}|=0$ 时，$R(\boldsymbol{A})<n$. 由于可逆矩阵的秩等于矩阵的阶数，不可逆矩阵的秩小于矩阵的阶数，因此可逆矩阵又称满秩矩阵，不可逆矩阵（奇异矩阵）又称降秩矩阵.

3. 等价矩阵有相同的秩

若存在可逆矩阵 $\boldsymbol{P},\boldsymbol{Q}$，使得 $\boldsymbol{PAQ}=\boldsymbol{B}$，则 $R(\boldsymbol{A})=R(\boldsymbol{B})$.

二、矩阵的秩的求解

1. 求矩阵的秩的定义法

依据：矩阵 $\boldsymbol{A}$ 的秩 $R(\boldsymbol{A})$ 就是 $\boldsymbol{A}$ 的非零子式的最高阶数. 所以，可以从低阶子式入手，求出最高阶非零子式的阶数，即为矩阵的秩.

2. 求矩阵的秩的初等变换法

若对矩阵 $(\boldsymbol{A},\boldsymbol{E})$ 施行初等行变换，则当把 $\boldsymbol{A}$ 变成 $\boldsymbol{B}$ 时，$\boldsymbol{E}$ 就变成了 $\boldsymbol{P}$，从而就得到了所求的可逆矩阵 $\boldsymbol{P}$. 即

$$\boldsymbol{PA}=\boldsymbol{B}\Leftrightarrow\begin{cases}\boldsymbol{PA}=\boldsymbol{B}\\ \boldsymbol{PE}=\boldsymbol{P}\end{cases}\Leftrightarrow\boldsymbol{P}(\boldsymbol{A},\boldsymbol{E})=(\boldsymbol{B},\boldsymbol{P})\Leftrightarrow(\boldsymbol{A},\boldsymbol{E})\overset{r}{\sim}(\boldsymbol{B},\boldsymbol{P})$$

依据：要求矩阵的秩，只要把矩阵用初等行变换变成行阶梯形矩阵，则行阶梯形矩阵中非零行的行数即为该矩阵的秩.

3. 计算矩阵的秩的解题思路流程图（见图 2-2）

学习笔录：

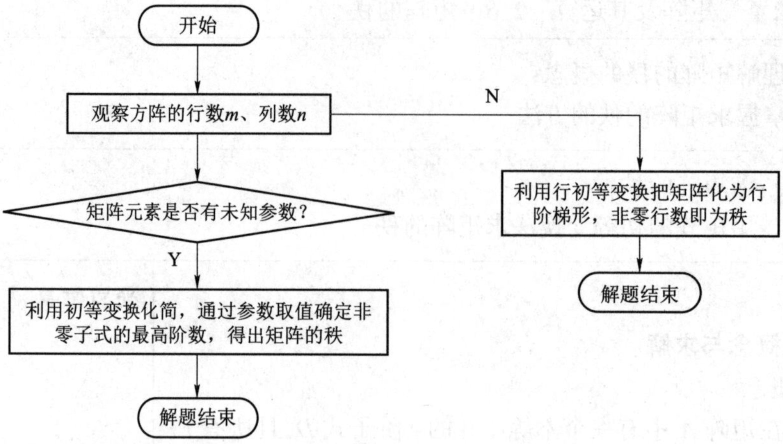

图 2-2　计算矩阵的秩的解题思路流程图

本次课作业：

2.6　矩 阵 的 秩

1. 填空：

(1) 若$(\boldsymbol{A},\boldsymbol{E})$经初等行变换成为$(\boldsymbol{E},\boldsymbol{B})$，则$\boldsymbol{B}=$__________.

(2) 设四阶方阵$\boldsymbol{A}$的秩为 2，则其伴随矩阵$\boldsymbol{A}^*$的秩$R(\boldsymbol{A}^*)=$__________.

2. 用初等变换求矩阵$\begin{pmatrix}1 & 2 & 3 & 4\\ 1 & -2 & 4 & 5\\ 1 & 10 & 1 & 2\end{pmatrix}$的秩.

学习笔录：

3. 求矩阵$\begin{pmatrix}3 & 1 & 0 & 2\\1 & -1 & 2 & -1\\1 & 3 & -4 & 4\end{pmatrix}$的秩，并求一个最高阶非零子式.

4. 设 $\boldsymbol{A}$ 是 4×3 阶矩阵，且 $R(\boldsymbol{A})=2$，矩阵 $\boldsymbol{B}=\begin{pmatrix}1 & 0 & 2\\0 & 2 & 0\\-1 & 0 & 3\end{pmatrix}$，求 $R(\boldsymbol{AB})$.

班级：　　学号：　　姓名：　　任课教师：

授课章节	第二章　矩阵及其运算　2.7　线性方程组的有解定理
目的要求	1. 熟练应用线性方程组解的判定定理； 2. 会求齐次线性方程组的基础解系及通解
重点难点	重点:线性方程组的有解判定； 难点:线性方程组的基础解系

主要内容：

学习笔录：

一、线性方程组的表示形式

1. 设有 n 元线性方程组
$$\begin{cases} a_{11}x_1 + a_{12}x_2 + \cdots + a_{1n}x_n = b_1, \\ a_{21}x_1 + a_{22}x_2 + \cdots + a_{2n}x_n = b_2, \\ \cdots \\ a_{m1}x_1 + a_{m2}x_2 + \cdots + a_{mn}x_n = b_m. \end{cases} \tag{1}$$

令 $\boldsymbol{A} = \begin{pmatrix} a_{11} & a_{12} & \cdots & a_{1n} \\ a_{21} & a_{22} & \cdots & a_{2n} \\ \vdots & \vdots & & \vdots \\ a_{m1} & a_{m2} & \cdots & a_{mn} \end{pmatrix}, \boldsymbol{x} = \begin{pmatrix} x_1 \\ x_2 \\ \vdots \\ x_n \end{pmatrix}, \boldsymbol{b} = \begin{pmatrix} b_1 \\ b_2 \\ \vdots \\ b_n \end{pmatrix}$，则方程组可表为 $\boldsymbol{Ax} = \boldsymbol{b}$；

2. 若将 $\boldsymbol{A}$ 写成 $\boldsymbol{A} = (\boldsymbol{\alpha}_1, \boldsymbol{\alpha}_2, \cdots, \boldsymbol{\alpha}_n)$，方程组可写成 $x_1\boldsymbol{\alpha}_1 + x_2\boldsymbol{\alpha}_2 + \cdots + x_n\boldsymbol{\alpha}_n = \boldsymbol{b}$.

定义 2.7.1　$\boldsymbol{B} = \begin{pmatrix} a_{11} & a_{12} & \cdots & a_{1n} & b_1 \\ a_{21} & a_{22} & \cdots & a_{2n} & b_2 \\ \vdots & \vdots & & \vdots & \\ a_{m1} & a_{m2} & \cdots & a_{mn} & b_m \end{pmatrix}$ 称为方程组 $\boldsymbol{Ax} = \boldsymbol{b}$ 的增广矩阵.

对线性方程组(1)，若 $b_i = 0(i = 1, 2, \cdots, m)$，则方程组(1)称为齐次的；否则称为非齐次的. 显然，齐次线性方程组的矩阵形式为
$$\boldsymbol{Ax} = \boldsymbol{0} \tag{2}$$

二、线性方程组的有解判定定理

定理 2.7.1　n 元齐次线性方程组 $\boldsymbol{A}_{m\times n}\boldsymbol{x} = \boldsymbol{0}$ 有非零解的充要条件是系数矩阵的秩 $R(\boldsymbol{A}) < n$.

定理 2.7.2　n 元线性方程组 $\boldsymbol{Ax} = \boldsymbol{b}$.

(1) 无解的充分必要条件是 $R(\boldsymbol{A}) < R(\boldsymbol{B})$；

(2) 有唯一解的充分必要条件是 $R(\boldsymbol{A}) = R(\boldsymbol{B}) = n$；

班级：　　　　学号：　　　　姓名：　　　　任课教师：

学习笔录：

(3)有无穷多解的充分必要条件是 $R(\boldsymbol{A})=R(\boldsymbol{B})<n$.

推论 2.7.1 矩阵方程 $\boldsymbol{AX}=\boldsymbol{B}$ 有解的充分必要条件是 $R(\boldsymbol{A})=R(\boldsymbol{A},\boldsymbol{B})$.

推论 2.7.2 $\boldsymbol{AB}=\boldsymbol{C}$，则 $R(\boldsymbol{C})\leqslant\min\{R(\boldsymbol{A}),R(\boldsymbol{B})\}$.

本次课作业：

2.7 线性方程组的有解定理

1. 填空题：

(1)设 $\boldsymbol{A}$ 为 $m\times n$ 矩阵，非齐次线性方程组 $\boldsymbol{AX}=\boldsymbol{b}$ 的增广矩阵为 $\overline{\boldsymbol{A}}=(\boldsymbol{A},\boldsymbol{b})$，则 $\boldsymbol{AX}=\boldsymbol{b}$ 有解的充分必要条件为________________；

(2)设 $\boldsymbol{A}$ 为 $m\times n$ 矩阵，非齐次线性方程组 $\boldsymbol{AX}=\boldsymbol{b}$ 有唯一解的充分必要条件为________________，n 为方程组的未知量个数；

(3)设 $\boldsymbol{A}$ 为 $m\times n$ 矩阵，非齐次线性方程组 $\boldsymbol{AX}=\boldsymbol{b}$ 有无穷多解的充分必要条件为________________，n 为方程组的未知量个数.

2. 判断方程组 $\begin{cases}x_1+x_2=1,\\ ax_1+bx_2=c,\\ a^2x_1+b^2x_2=c^2\end{cases}$ 是否有解.(其中 a,b,c 各不相同)

学习笔录：

3. 设线性方程组 $\begin{cases} x_1 + x_2 - x_3 = 1, \\ 2x_1 + 3x_2 + ax_3 = 3, \\ x_1 + ax_2 + 3x_3 = 2, \end{cases}$ 讨论当 a 取何值时方程组无解、有唯一解、有无穷多解？并在方程组有无穷多解时求其通解.

第二章　自　测　题

一、选择题：

1. 设 $\boldsymbol{A}^{-1}$ 为 n 阶方阵 $\boldsymbol{A}$ 的逆矩阵，则 $\left||\boldsymbol{A}|^{-1}\boldsymbol{A}\right|=$__________.

A. 1　　B. $|\boldsymbol{A}|^{1-n}$　　C. $(-1)^n$　　D. $|\boldsymbol{A}|^{2n-1}$

2. 设 $\boldsymbol{A}$ 是 n 阶方阵，λ 为实数，下列各式成立的是__________.

A. $|\lambda\boldsymbol{A}|=\lambda|\boldsymbol{A}|$　　B. $|\lambda\boldsymbol{A}|=|\lambda||\boldsymbol{A}|$

C. $|\lambda\boldsymbol{A}|=\lambda^n|\boldsymbol{A}|$　　D. $|\lambda\boldsymbol{A}|=|\lambda^n||\boldsymbol{A}|$

3. 设 $\boldsymbol{A}$ 是 n 阶方阵($n\geqslant 2$)，则必有__________.

A. $|\boldsymbol{A}|=\sum_{k=1}^{n} a_{ik}A_{ik}$　　B. $|\boldsymbol{A}|=\sum_{k=1}^{n} a_{ki}A_{ik}$

C. $|\boldsymbol{A}|=\sum_{k=1}^{n} a_{ik}A_{jk}$　　D. $|\boldsymbol{A}|=\boldsymbol{A}$

4. 若 $\boldsymbol{A}$ 是 $m\times s$ 矩阵，$\boldsymbol{B}$ 是 $s\times n$ 矩阵，那么 $R(\boldsymbol{AB})$__________.

A. $\leqslant R(\boldsymbol{A})$　　B. $\leqslant R(\boldsymbol{B})$

C. $\leqslant \min\{R(\boldsymbol{A}),R(\boldsymbol{B})\}$　　D. 以上都不对

班级：　　　　　　学号：　　　　　　姓名：　　　　　　任课教师：

学习笔录：

二、填空题：

1. 设 $\boldsymbol{A}$ 是 n 阶方阵，且 $|\boldsymbol{A}|=2$，则 $\left||\boldsymbol{A}|\boldsymbol{A}^{\mathrm{T}}\right|=$__________.

2. 设 $\boldsymbol{A}$ 是 n 阶方阵，且 $|\boldsymbol{A}|=2$，则 $|\boldsymbol{A}\boldsymbol{A}^{*}|=$__________.

3. 设 $\boldsymbol{A},\boldsymbol{B}$ 均为 n 阶方阵，$|\boldsymbol{A}|=2$，$|\boldsymbol{B}|=-3$，则 $|2\boldsymbol{A}^{*}\boldsymbol{B}^{-1}|=$__________.

4. $(\boldsymbol{E}-\boldsymbol{A})^{-1}-(\boldsymbol{E}-\boldsymbol{A})^{-1}\boldsymbol{A}=$__________.

5. 单位矩阵 $\begin{pmatrix}1&0&0\\0&1&0\\0&0&1\end{pmatrix}$ 经过一次初等变换成为初等矩阵 $\begin{pmatrix}1&0&0\\0&0&1\\0&1&0\end{pmatrix}$，用它左乘矩阵 $\boldsymbol{A}$，相当于对矩阵 $\boldsymbol{A}$ 施行的初等变换是__________.

6. 若矩阵 $\begin{pmatrix}1&a&-1&2\\1&-1&a&2\\1&0&-1&2\end{pmatrix}$ 的秩为 2，则 $a=$__________.

7. 在秩为 m 的矩阵中，一定有____________________子式.

三、设方阵 $\boldsymbol{A}$ 满足 $\boldsymbol{A}^2-\boldsymbol{A}-2\boldsymbol{E}=\boldsymbol{O}$，证明：$\boldsymbol{A}$ 及 $\boldsymbol{A}+2\boldsymbol{E}$ 都可逆，并求 $\boldsymbol{A}^{-1}$ 及 $(\boldsymbol{A}+2\boldsymbol{E})^{-1}$.

四、设 $\boldsymbol{A}=\begin{pmatrix}4&2&3\\1&1&0\\-1&2&3\end{pmatrix}$，$\boldsymbol{AB}=\boldsymbol{A}+2\boldsymbol{B}$，求 $\boldsymbol{B}$.

学习笔录：

五、若 $\boldsymbol{A}$ 是 n 阶方阵，$\boldsymbol{A}$ 的伴随矩阵为 $\boldsymbol{A}^*$，证明：

1. 若 $|\boldsymbol{A}|=0$，则 $|\boldsymbol{A}^*|=0$；　　2. $|\boldsymbol{A}^*|=|\boldsymbol{A}|^{n-1}$.

六、设矩阵 $\boldsymbol{A}=\begin{pmatrix}2&1&0\\1&2&0\\0&0&1\end{pmatrix}$，矩阵 $\boldsymbol{B}$ 满足 $\boldsymbol{ABA}^*=2\boldsymbol{BA}^*+\boldsymbol{E}$，其中，$\boldsymbol{A}^*$ 为 $\boldsymbol{A}$ 的伴随矩阵，$\boldsymbol{E}$ 是单位矩阵，求 $|\boldsymbol{B}|$.

七、设 $\boldsymbol{A}^k=\boldsymbol{O}$（$k$ 为正整数），证明：$(\boldsymbol{E}-\boldsymbol{A})^{-1}=\boldsymbol{E}+\boldsymbol{A}+\boldsymbol{A}^2+\cdots+\boldsymbol{A}^{k-1}$.

八、试证矩阵 $\boldsymbol{A}$ 与 $\boldsymbol{B}$ 等价，其中，$\boldsymbol{A}=\begin{pmatrix}1&2&1\\2&0&1\\1&0&1\end{pmatrix}$，$\boldsymbol{B}=\begin{pmatrix}1&0&1\\1&1&0\\1&0&0\end{pmatrix}$.

难题讲解

线性代数导学教程

班级：　　　　学号：　　　　姓名：　　　　任课教师：

授课章节	第三章　向量组的线性相关性　3.1　n 维向量的概念；　3.2　向量组及其线性组合；　3.3　向量组的线性相关性及其简单性质
目的要求	1. 掌握向量的概念； 2. 理解向量组的线性相关性及常用判别方法
重点难点	重点：向量组的线性相关性； 难点：向量组的线性相关性证明

主要内容：

学习笔录：

一、向量组线性相关性定义

1. 线性相关的概念

定义 3.3.1　设 $\boldsymbol{\alpha}_1,\boldsymbol{\alpha}_2,\cdots,\boldsymbol{\alpha}_t\in\mathbf{R}^n$. 若存在不全为零的数 $k_1,k_2,\cdots,k_t\in\mathbf{R}$，使得

$$k_1\boldsymbol{\alpha}_1+k_2\boldsymbol{\alpha}_2+\cdots+k_t\boldsymbol{\alpha}_t=\mathbf{0}$$

则称 $\boldsymbol{\alpha}_1,\boldsymbol{\alpha}_2,\cdots,\boldsymbol{\alpha}_t$ 线性相关；否则，称 $\boldsymbol{\alpha}_1,\boldsymbol{\alpha}_2,\cdots,\boldsymbol{\alpha}_t$ 线性无关.

注意：根据这个定义，$\boldsymbol{\alpha}_1,\boldsymbol{\alpha}_2,\cdots,\boldsymbol{\alpha}_s$ 线性无关可以表述如下：若 $k_1,k_2,\cdots,k_s\in\mathbf{R}$，使得

$$k_1\boldsymbol{\alpha}_1+k_2\boldsymbol{\alpha}_2+\cdots+k_s\boldsymbol{\alpha}_s=\mathbf{0}$$

则必有

$$k_1=k_2=\cdots=k_s=0$$

2. 向量组的线性相关性判定

定理 3.3.1　设 $\boldsymbol{\alpha}_1,\boldsymbol{\alpha}_2,\cdots,\boldsymbol{\alpha}_n\in\mathbf{R}^m$，则下述两条等价：

(1) $\boldsymbol{\alpha}_1,\boldsymbol{\alpha}_2,\cdots,\boldsymbol{\alpha}_n$ 线性相关；

(2) 存在某个 $\boldsymbol{\alpha}_i$ 可被其余向量线性表示.

定理 3.3.2　设 $\boldsymbol{\alpha}_1,\cdots,\boldsymbol{\alpha}_t\in\mathbf{R}^n$ 线性相关，$\boldsymbol{\alpha}_{t+1},\cdots,\boldsymbol{\alpha}_{t+s}\in\mathbf{R}^n$，则 $\boldsymbol{\alpha}_1,\cdots,\boldsymbol{\alpha}_t,\boldsymbol{\alpha}_{t+1},\cdots,\boldsymbol{\alpha}_{t+s}$ 也线性相关.

定理 3.3.3　设 $\boldsymbol{\alpha}_1,\boldsymbol{\alpha}_2,\cdots,\boldsymbol{\alpha}_m\in\mathbf{R}^n$ 线性无关，则 $\boldsymbol{\alpha}_{i_1},\cdots,\boldsymbol{\alpha}_{i_t}$ 也线性无关，这里 $i_1,\cdots,i_t$ 是 $\{1,\cdots,m\}$ 中的 t 个不同的元素.

定理 3.3.4　设 $\boldsymbol{\alpha}_1,\cdots,\boldsymbol{\alpha}_t\in\mathbf{R}^n$，删去 $\boldsymbol{\alpha}_1,\cdots,\boldsymbol{\alpha}_t$ 的同位置的 $n-s$ 个分量得到 $\boldsymbol{\beta}_1,\cdots,\boldsymbol{\beta}_t\in\mathbf{R}^s$. 若 $\boldsymbol{\alpha}_1,\cdots,\boldsymbol{\alpha}_t$ 线性相关，则 $\boldsymbol{\beta}_1,\cdots,\boldsymbol{\beta}_t$ 也线性相关.

学习笔录：

推论　设 $\boldsymbol{\alpha}_1,\cdots,\boldsymbol{\alpha}_t\in\mathbf{R}^n,\boldsymbol{\beta}_1,\cdots,\boldsymbol{\beta}_t\in\mathbf{R}^s$，且

$$\boldsymbol{\gamma}_1=\begin{pmatrix}\boldsymbol{\alpha}_1\\\boldsymbol{\beta}_1\end{pmatrix},\boldsymbol{\gamma}_2=\begin{pmatrix}\boldsymbol{\alpha}_2\\\boldsymbol{\beta}_2\end{pmatrix},\cdots,\boldsymbol{\gamma}_t=\begin{pmatrix}\boldsymbol{\alpha}_t\\\boldsymbol{\beta}_t\end{pmatrix}$$

若 $\boldsymbol{\alpha}_1,\cdots,\boldsymbol{\alpha}_t$ 线性无关，则 $\boldsymbol{\gamma}_1,\cdots,\boldsymbol{\gamma}_t$ 也线性无关.

定理 3.3.5　设 $\boldsymbol{A}$ 是一个 n 阶方阵，则 $\boldsymbol{A}$ 的行(列)向量组线性相关的充分必要条件是 $|\boldsymbol{A}|=0$.

推论　设 $\boldsymbol{A}$ 是一个 n 阶方阵，则 $\boldsymbol{A}$ 的行(列)向量组线性无关的充分必要条件是 $|\boldsymbol{A}|\neq0$.

定理 3.3.6　当 $m>n$ 时，m 个 n 维向量必线性相关.

本次课作业：

3.1　n 维向量的概念

填空题：

(1) 设 $\boldsymbol{\alpha}_1=(1,1,1)^{\mathrm{T}},\boldsymbol{\alpha}_2=(2,1,1)^{\mathrm{T}},\boldsymbol{\alpha}_3=(0,2,4)^{\mathrm{T}}$，则线性组合 $(\boldsymbol{\alpha}_1,\boldsymbol{\alpha}_2,\boldsymbol{\alpha}_3)\begin{pmatrix}1\\-3\\1\end{pmatrix}=$______；

(2) 设矩阵 $\boldsymbol{A}=\begin{pmatrix}1&3&7\\2&4&0\\1&1&5\end{pmatrix}$，$\boldsymbol{\beta}_i$ 为矩阵 $\boldsymbol{A}$ 的第 i 个列向量，则 $2\boldsymbol{\beta}_1+\boldsymbol{\beta}_2-\boldsymbol{\beta}_3=$______.

3.2　向量组及其线性组合

1. 填空题：

(1) 设矩阵 $\boldsymbol{A}=(\boldsymbol{a}_1,\boldsymbol{a}_2,\cdots,\boldsymbol{a}_m)$，矩阵 $\boldsymbol{B}=(\boldsymbol{a}_1,\boldsymbol{a}_2,\cdots,\boldsymbol{a}_m,\boldsymbol{b})$，向量 $\boldsymbol{b}$ 能由向量组 $\boldsymbol{A}:\boldsymbol{a}_1,\boldsymbol{a}_2,\cdots,\boldsymbol{a}_m$ 线性表示的充分必要条件是 $R(\boldsymbol{A})$______$R(\boldsymbol{B})$.

(2) 设向量组 $\boldsymbol{B}:\boldsymbol{b}_1,\boldsymbol{b}_2,\cdots,\boldsymbol{b}_l$ 能由向量组 $\boldsymbol{A}:\boldsymbol{a}_1,\boldsymbol{a}_2,\cdots,\boldsymbol{a}_m$ 线性表示，则 $R(\boldsymbol{a}_1,\boldsymbol{a}_2,\cdots,\boldsymbol{a}_m)$________$R(\boldsymbol{b}_1,\boldsymbol{b}_2,\cdots,\boldsymbol{b}_l)$.

2. 选择题：

(1) 若向量 $\boldsymbol{y}$ 可由向量组 $\boldsymbol{x}_1,\boldsymbol{x}_2,\cdots,\boldsymbol{x}_s$ 线性表示，则下述正确的是______.

班级：　　　学号：　　　姓名：　　　任课教师：

A. 存在一组不全为零的数 $k_1,k_2,\cdots,k_s$，使 $\boldsymbol{y}=k_1\boldsymbol{x}_1+k_2\boldsymbol{x}_2+\cdots+k_s\boldsymbol{x}_s$ 成立

B. 存在一组全为零的数 $k_1,k_2,\cdots,k_s$，使 $\boldsymbol{y}=k_1\boldsymbol{x}_1+k_2\boldsymbol{x}_2+\cdots+k_s\boldsymbol{x}_s$ 成立

C. 存在一组数 $k_1,k_2,\cdots,k_s$，使 $\boldsymbol{y}=k_1\boldsymbol{x}_1+k_2\boldsymbol{x}_2+\cdots+k_s\boldsymbol{x}_s$ 成立

D. 对 $\boldsymbol{y}$ 的线性表达式唯一

（2）若矩阵 $\boldsymbol{A}$ 经过初等行变换变成矩阵 $\boldsymbol{B}$，则______.

A. $\boldsymbol{A}$ 的行向量组与 $\boldsymbol{B}$ 的行向量组等价

B. $\boldsymbol{A}$ 的列向量组与 $\boldsymbol{B}$ 的列向量组等价

C. $\boldsymbol{A}$ 的行向量组与 $\boldsymbol{B}$ 的列向量组等价

D. $\boldsymbol{A}$ 的列向量组与 $\boldsymbol{B}$ 的行向量组等价

3. 给定向量 $\boldsymbol{a}_1=(1,-1,0)^{\mathrm{T}},\boldsymbol{a}_2=(2,1,3)^{\mathrm{T}},\boldsymbol{a}_3=(3,1,2)^{\mathrm{T}},\boldsymbol{b}=(5,0,7)^{\mathrm{T}}$，证明向量 $\boldsymbol{b}$ 能由向量组 $\boldsymbol{a}_1,\boldsymbol{a}_2,\boldsymbol{a}_3$ 线性表示，并求出表示式.

4. 向量组 $\boldsymbol{A}:\boldsymbol{\alpha}_1=(2,0,-1,3)^{\mathrm{T}},\boldsymbol{\alpha}_2=(3,-2,1,-1)^{\mathrm{T}}$ 与向量组 $\boldsymbol{B}:\boldsymbol{\beta}_1=(-5,6,-5,9)^{\mathrm{T}},\boldsymbol{\beta}_2=(4,-4,3,-5)^{\mathrm{T}}$ 是否等价？

学习笔录：

班级： 学号： 姓名： 任课教师：

学习笔录：

3.3 向量组的线性相关性及其简单性质

1. 填空题：

(1) 当 m ______ n 时，m 个 n 维向量一定线性相关；

(2) 若向量组 $\boldsymbol{\alpha}_1,\boldsymbol{\alpha}_2,\cdots,\boldsymbol{\alpha}_n$ 的秩为 r，则其中任意 $r+1$ 个向量一定线性______.

2. 选择题：

n 维向量组 $\boldsymbol{a}_1,\boldsymbol{a}_2,\cdots,\boldsymbol{a}_s(3\leqslant s\leqslant n)$ 线性无关的充分必要条件是______.

A. 存在一组全为零的数 $k_1,k_2,\cdots,k_s$，使得 $k_1\boldsymbol{a}_1+k_2\boldsymbol{a}_2+\cdots+k_s\boldsymbol{a}_s=\boldsymbol{0}$

B. $\boldsymbol{a}_1,\boldsymbol{a}_2,\cdots,\boldsymbol{a}_s$ 中任意两个向量都线性无关

C. $\boldsymbol{a}_1,\boldsymbol{a}_2,\cdots,\boldsymbol{a}_s$ 中存在一个向量，它不能由其余向量线性表示

D. $\boldsymbol{a}_1,\boldsymbol{a}_2,\cdots,\boldsymbol{a}_s$ 中任意一个向量都不能由其余向量线性表示

3. 判断题：

(1) 如果向量组 $\boldsymbol{a}_1,\boldsymbol{a}_2,\cdots,\boldsymbol{a}_m$ 是线性相关的，则 $\boldsymbol{a}_1$ 可由 $\boldsymbol{a}_2,\boldsymbol{a}_3,\cdots,\boldsymbol{a}_m$ 线性表示. (　　)

(2) 如果有不全为零的数 $k_1,k_2,\cdots,k_m$，使得 $k_1\boldsymbol{a}_1+k_2\boldsymbol{a}_2+\cdots+k_m\boldsymbol{a}_m+k_1\boldsymbol{b}_1+k_2\boldsymbol{b}_2+\cdots+k_m\boldsymbol{b}_m=\boldsymbol{0}$ 成立，则 $\boldsymbol{a}_1,\boldsymbol{a}_2,\cdots,\boldsymbol{a}_m$ 线性相关，$\boldsymbol{b}_1,\boldsymbol{b}_2,\cdots,\boldsymbol{b}_m$ 也线性相关. (　　)

(3) 若只有当 $k_1,k_2,\cdots,k_m,k_{m+1},\cdots,k_{2m}$ 全为零时，等式 $k_1\boldsymbol{a}_1+k_2\boldsymbol{a}_2+\cdots+k_m\boldsymbol{a}_m+k_{m+1}\boldsymbol{b}_1+k_{m+2}\boldsymbol{b}_2+\cdots+k_{2m}\boldsymbol{b}_m=\boldsymbol{0}$ 才成立，则 $\boldsymbol{a}_1,\boldsymbol{a}_2,\cdots,\boldsymbol{a}_m$ 线性无关，$\boldsymbol{b}_1,\boldsymbol{b}_2,\cdots,\boldsymbol{b}_m$ 也线性无关. (　　)

(4) 如果 $\boldsymbol{a}_1,\boldsymbol{a}_2,\cdots,\boldsymbol{a}_m$ 线性相关，$\boldsymbol{b}_1,\boldsymbol{b}_2,\cdots,\boldsymbol{b}_m$ 线性无关，则有不全为零的数 $k_1,k_2,\cdots,k_m,k_{m+1},\cdots,k_{2m}$，使得 $k_1\boldsymbol{a}_1+\cdots+k_m\boldsymbol{a}_m+k_{m+1}\boldsymbol{b}_1+\cdots+k_{2m}\boldsymbol{b}_m=\boldsymbol{0}$. (　　)

4. 设有向量组：$\boldsymbol{\alpha}_1=\begin{pmatrix}1\\1\\1\end{pmatrix},\boldsymbol{\alpha}_2=\begin{pmatrix}1\\2\\3\end{pmatrix},\boldsymbol{\alpha}_3=\begin{pmatrix}1\\3\\t\end{pmatrix}$，

(1) t 取何值时，向量组 $\boldsymbol{\alpha}_1,\boldsymbol{\alpha}_2,\boldsymbol{\alpha}_3$ 线性无关？

（2）t 取何值时，向量组 $\boldsymbol{\alpha}_1,\boldsymbol{\alpha}_2,\boldsymbol{\alpha}_3$ 线性相关？并用 $\boldsymbol{\alpha}_1,\boldsymbol{\alpha}_2$ 线性表示 $\boldsymbol{\alpha}_3$.

学习笔录：

5. 设 $\boldsymbol{\alpha}_1,\boldsymbol{\alpha}_2,\boldsymbol{\alpha}_3$ 线性无关，证明：

（1）向量组 $\boldsymbol{\beta}_1=\boldsymbol{\alpha}_1+\boldsymbol{\alpha}_2,\boldsymbol{\beta}_2=2\boldsymbol{\alpha}_2+\boldsymbol{\alpha}_3,\boldsymbol{\beta}_3=3\boldsymbol{\alpha}_3+\boldsymbol{\alpha}_1$ 线性无关；

（2）向量组 $\boldsymbol{\beta}_1=2\boldsymbol{\alpha}_1+\boldsymbol{\alpha}_2+3\boldsymbol{\alpha}_3,\boldsymbol{\beta}_2=\boldsymbol{\alpha}_1+\boldsymbol{\alpha}_3,\boldsymbol{\beta}_3=\boldsymbol{\alpha}_2+\boldsymbol{\alpha}_3$ 线性相关.

6. 设向量组 $\boldsymbol{\alpha}_1,\boldsymbol{\alpha}_2,\cdots,\boldsymbol{\alpha}_s,\boldsymbol{\alpha}_{s+1}(s\geqslant 1)$ 线性无关，向量组 $\boldsymbol{\beta}_1,\boldsymbol{\beta}_2,\cdots,\boldsymbol{\beta}_s$ 可表示为 $\boldsymbol{\beta}_i=\boldsymbol{\alpha}_i+t_i\boldsymbol{\alpha}_{s+1}(i=1,2,\cdots,s)$，$t_i$ 是实数，试证：$\boldsymbol{\beta}_1,\boldsymbol{\beta}_2,\cdots,\boldsymbol{\beta}_s$ 线性无关.

授课章节	第三章　向量组的线性相关性　3.4　向量组的秩及其和矩阵的秩的关系
目的要求	1. 掌握向量组的秩的概念及求法； 2. 熟练掌握向量组的秩及其和矩阵的秩的关系
重点难点	重点：向量组的秩的求解； 难点：向量组的最大无关组的求法

主要内容：

学习笔录：

一、向量组的秩及其和矩阵的秩的关系

1. 向量组的秩及最大无关组的概念

定义 3.4.1　设有向量组 $\boldsymbol{A}:\boldsymbol{\alpha}_1,\boldsymbol{\alpha}_2,\cdots,\boldsymbol{\alpha}_s$，若在向量组 $\boldsymbol{A}$ 中能选出 r 个向量 $\boldsymbol{\alpha}_1,\boldsymbol{\alpha}_2,\cdots,\boldsymbol{\alpha}_r$，满足

(1) 向量组 $\boldsymbol{A}:\boldsymbol{\alpha}_1,\boldsymbol{\alpha}_2,\cdots,\boldsymbol{\alpha}_r$ 线性无关；

(2) 向量组 $\boldsymbol{A}$ 中任意 $r+1$ 个向量（若有的话）都线性相关.

则称向量组 $\boldsymbol{A}_0$ 是向量组 $\boldsymbol{A}$ 的一个最大线性无关向量组（简称最大无关组），向量组 $\boldsymbol{\alpha}_1,\boldsymbol{\alpha}_2,\cdots,\boldsymbol{\alpha}_s$ 的最大无关组所含向量的个数称为该向量的秩，记为 $R(\boldsymbol{\alpha}_1,\boldsymbol{\alpha}_2,\cdots,\boldsymbol{\alpha}_s)$.

注意：

(1) 只含有零向量的向量组没有最大无关组，向量组的秩为 0；

(2) 线性无关向量组本身就是最大无关组.

(3) 向量组的最大无关组可能不止一个，但其所含向量的个数是相同的.

2. 向量组最大无关组的性质

定理 3.4.1　如果 $\boldsymbol{\alpha}_{j_1},\boldsymbol{\alpha}_{j_2},\cdots,\boldsymbol{\alpha}_{j_r}$ 是 $\boldsymbol{\alpha}_1,\boldsymbol{\alpha}_2,\cdots,\boldsymbol{\alpha}_s$ 的线性无关部分组，则它是最大无关组的充分必要条件是 $\boldsymbol{\alpha}_1,\boldsymbol{\alpha}_2,\cdots,\boldsymbol{\alpha}_s$ 中的每一个向量都可由 $\boldsymbol{\alpha}_{j_1},\boldsymbol{\alpha}_{j_2},\cdots,\boldsymbol{\alpha}_{j_r}$ 线性表示.

定理 3.4.2　向量组与它的任一最大无关组等价.

定理 3.4.3　等价的向量组具有相同的秩.

3. 向量组的秩和矩阵的秩的关系

定义 3.4.2　矩阵的行向量组的秩称为矩阵的行秩，矩阵的列向量组的秩称为矩阵的列秩.

定理 3.4.4　设 $\boldsymbol{A}$ 为 $m\times n$ 矩阵，则矩阵 $\boldsymbol{A}$ 的秩等于它的列秩，也等于它的行秩.

二、向量组的最大无关组的求法

定理 3.4.5　矩阵 $\boldsymbol{A}=\begin{pmatrix} a_{11} & a_{12} & \cdots & a_{1n} \\ a_{21} & a_{22} & \cdots & a_{2n} \\ \vdots & \vdots & & \vdots \\ a_{m1} & a_{m2} & \cdots & a_{mn} \end{pmatrix}=(\boldsymbol{\alpha}_1,\boldsymbol{\alpha}_2,\cdots,\boldsymbol{\alpha}_n)$ 经过有

学习笔录：

限次初等变换化为矩阵

$$B=\begin{pmatrix} b_{11} & b_{12} & \cdots & b_{1n} \\ b_{21} & b_{22} & \cdots & b_{2n} \\ \vdots & \vdots & & \vdots \\ b_{m1} & b_{m2} & \cdots & b_{mn} \end{pmatrix}=(\boldsymbol{\beta}_1,\boldsymbol{\beta}_2,\cdots,\boldsymbol{\beta}_n)$$

则 $\boldsymbol{A}$ 中任意 $s(1\leqslant s\leqslant n)$ 个列向量与 $\boldsymbol{B}$ 中对应的 s 个列向量具有相同的线性相关性.

把向量组中的各向量以列向量方式组成矩阵后，只作初等行变换，将该矩阵化为行阶梯形矩阵，找到行阶梯形矩阵中的最高阶非零子式所在列的位置，再到原矩阵中寻找相应的列即为所求向量组的最大无关组.

定理 3.4.6　若向量组 $\boldsymbol{A}:\boldsymbol{a}_1,\boldsymbol{a}_2,\cdots,\boldsymbol{a}_m$ 能由向量组 $\boldsymbol{B}:\boldsymbol{b}_1,\boldsymbol{b}_2,\cdots,\boldsymbol{b}_n$ 线性表示，则 $R(\boldsymbol{a}_1,\boldsymbol{a}_2,\cdots,\boldsymbol{a}_m)\leqslant R(\boldsymbol{b}_1,\boldsymbol{b}_2,\cdots,\boldsymbol{b}_n)$.

向量组的最大无关组及其他向量线性表出解题思路流程图如图 3-1 所示。

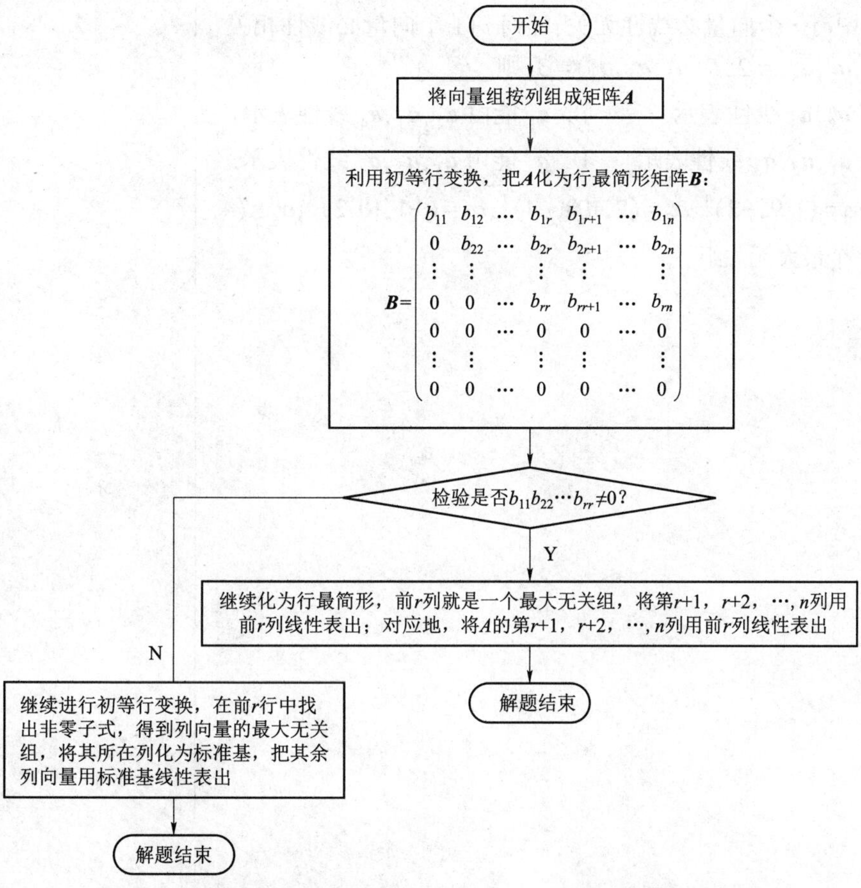

图 3-1　向量组的最大无关组及其他向量线性表出解题思路流程图

班级：　　　　学号：　　　　姓名：　　　　任课教师：

本次课作业　　　　**学习笔录：**

3.4 向量组的秩及其和矩阵的秩的关系

1. 填空题：

(1) 若向量组 $\boldsymbol{A}$ 可由向量组 $\boldsymbol{B}$ 线性表示，且 $R(\boldsymbol{A})=R(\boldsymbol{B})$，则向量组 $\boldsymbol{A}$ 与 $\boldsymbol{B}$ ________;

(2) 已知向量组 $\boldsymbol{\alpha}_1=(3,2,0,1)^{\mathrm{T}}$，$\boldsymbol{\alpha}_2=(3,0,\lambda,0)^{\mathrm{T}}$，$\boldsymbol{\alpha}_3=(1,-2,4,-1)^{\mathrm{T}}$ 的秩为 2，则 $\lambda=$______.

2. 选择题：

(1) 设向量组的秩为 r，则________；

A. 该向量组所含向量的个数必大于 r

B. 该向量组中任何 r 个向量必线性无关，任何 $r+1$ 个向量必线性相关

C. 该向量组中有 r 个向量线性无关，有 $r+1$ 个向量线性相关

D. 该向量组中有 r 个向量必线性无关，任何 $r+1$ 个向量必线性相关

(2) 若 $R(\boldsymbol{a}_1,\boldsymbol{a}_2,\boldsymbol{a}_3)=2$，$R(\boldsymbol{a}_2,\boldsymbol{a}_3,\boldsymbol{a}_4)=3$，则______.

A. $\boldsymbol{a}_1$ 不能由 $\boldsymbol{a}_2,\boldsymbol{a}_3$ 线性表示　　B. $\boldsymbol{a}_1$ 能由 $\boldsymbol{a}_2,\boldsymbol{a}_3,\boldsymbol{a}_4$ 线性表示

C. $\boldsymbol{a}_4$ 不能由 $\boldsymbol{a}_1,\boldsymbol{a}_2,\boldsymbol{a}_3$ 线性表示　　D. $\boldsymbol{a}_4$ 能由 $\boldsymbol{a}_1,\boldsymbol{a}_2,\boldsymbol{a}_3$ 线性表示

3. 求向量组 $\boldsymbol{\alpha}_1=(1,9,-2)^{\mathrm{T}}$，$\boldsymbol{\alpha}_2=(2,100,-4)^{\mathrm{T}}$，$\boldsymbol{\alpha}_3=(-1,10,2)^{\mathrm{T}}$，$\boldsymbol{\alpha}_4=(4,4,-8)^{\mathrm{T}}$ 的秩及其一个最大无关组.

4. 判断向量组 $\boldsymbol{A}:\boldsymbol{\alpha}_1=(1,0,2,1)^{\mathrm{T}},\boldsymbol{\alpha}_2=(1,2,0,1)^{\mathrm{T}},\boldsymbol{\alpha}_3=(2,1,3,0)^{\mathrm{T}}$，$\boldsymbol{\alpha}_4=(2,5,-1,4)^{\mathrm{T}}$ 的线性相关性，并求它的一个最大无关组，再把其余向量用这个最大无关组线性表示.

5. 求矩阵 $\boldsymbol{A}=\begin{pmatrix}2 & 3 & -5 & 4\\ 0 & -2 & 6 & -4\\ -1 & 1 & -5 & 3\\ 3 & -1 & 9 & -5\end{pmatrix}$ 的秩及其列向量组的一个最大无关组.

班级：　　学号：　　姓名：　　任课教师：

授课章节	第三章　向量组的线性相关性　3.5　向量的内积、长度及正交性；3.6　正交矩阵及其性质；3.7　向量空间
目的要求	1. 掌握向量的内积、长度以及正交矩阵的概念与性质； 2. 会使用施密特正交化方法
重点难点	重点：会对线性无关的向量组进行施密特正交化； 难点：理解向量空间的基、维数及坐标变换

主要内容：

学习笔录：

一、向量的内积、长度、夹角的定义

1. 内积的概念

定义 3.5.1　设有 n 维向量

$$\boldsymbol{x}=\begin{pmatrix}x_1\\x_2\\\vdots\\x_n\end{pmatrix},\quad \boldsymbol{y}=\begin{pmatrix}y_1\\y_2\\\vdots\\y_n\end{pmatrix}$$

令

$$[\boldsymbol{x},\boldsymbol{y}]=x_1y_1+x_2y_2+\cdots+x_ny_n$$

$[\boldsymbol{x},\boldsymbol{y}]$称为向量 $\boldsymbol{x}$ 与 $\boldsymbol{y}$ 的内积.

内积满足以下运算规律($\boldsymbol{x},\boldsymbol{y},\boldsymbol{z}$ 为 n 维向量，λ 为实数)：

(1) $[\boldsymbol{x},\boldsymbol{y}]=[\boldsymbol{y},\boldsymbol{x}]$；

(2) $[\lambda\boldsymbol{x},\boldsymbol{y}]=[\boldsymbol{x},\lambda\boldsymbol{y}]=\lambda[\boldsymbol{x},\boldsymbol{y}]$；

(3) $[\boldsymbol{x}+\boldsymbol{y},\boldsymbol{z}]=[\boldsymbol{x},\boldsymbol{z}]+[\boldsymbol{y},\boldsymbol{z}]$；

(4) $[\boldsymbol{x},\boldsymbol{x}]\geqslant 0,[\boldsymbol{x},\boldsymbol{x}]=0\Leftrightarrow\boldsymbol{x}=\boldsymbol{0}$.

2. 内积的长度和夹角的概念

定义 3.5.2　令

$$\|\boldsymbol{x}\|=\sqrt{[\boldsymbol{x},\boldsymbol{x}]}=\sqrt{x_1^2+x_2^2+\cdots+x_n^2}$$

$\|\boldsymbol{x}\|$称为 n 维向量 $\boldsymbol{x}$ 的长度或范数. 当 $\|\boldsymbol{x}\|=1$ 时，称 $\boldsymbol{x}$ 为单位向量.

向量的长度有以下性质：

(1) 非负性. 当 $\boldsymbol{x}\neq\boldsymbol{0}$ 时，$\|\boldsymbol{x}\|>0$；当 $\boldsymbol{x}=\boldsymbol{0}$ 时，$\|\boldsymbol{x}\|=0$.

(2) 齐次性. $\|a\boldsymbol{x}\|=|a|\,\|\boldsymbol{x}\|$.

(3) 三角不等式 $\|\boldsymbol{x}+\boldsymbol{y}\|\leqslant\|\boldsymbol{x}\|+\|\boldsymbol{y}\|$.

定义 3.5.3　$\boldsymbol{x}\neq\boldsymbol{0},\boldsymbol{y}\neq\boldsymbol{0}$，定义 $\boldsymbol{x}$ 与 $\boldsymbol{y}$ 的夹角为

$$\theta=\arccos\frac{[\boldsymbol{x},\boldsymbol{y}]}{\|\boldsymbol{x}\|\,\|\boldsymbol{y}\|}$$

学习笔录：

若$[\boldsymbol{x},\boldsymbol{y}]=0$,则称向量$\boldsymbol{x}$与$\boldsymbol{y}$正交,显然零向量与任何向量正交.

3. 正交向量组的定义

定义 3.5.4 设$\boldsymbol{a}_1,\boldsymbol{a}_2,\cdots,\boldsymbol{a}_s$是一组非零向量,若该向量组中任意两个向量都正交,则称$\boldsymbol{a}_1,\boldsymbol{a}_2,\cdots,\boldsymbol{a}_s$为正交向量组.

4. 施密特正交化方法.

当$\boldsymbol{a}\neq\boldsymbol{0}$时,$\dfrac{\boldsymbol{a}}{\|\boldsymbol{a}\|}$为与$\boldsymbol{a}$同向的单位向量,用$\boldsymbol{a}$除以$\|\boldsymbol{a}\|$称为将向量$\boldsymbol{a}$单位化.

定义 3.5.5 设s维向量$\boldsymbol{e}_1,\boldsymbol{e}_2,\cdots,\boldsymbol{e}_s$是向量空间$V\subset\mathbf{R}^n$的一个基,如果$\boldsymbol{e}_1,\boldsymbol{e}_2,\cdots,\boldsymbol{e}_s$两两正交,且都是单位向量,则称$\boldsymbol{e}_1,\boldsymbol{e}_2,\cdots,\boldsymbol{e}_s$是$V$的一个规范正交基.

下面即为施密特正交化过程.

令

$$\boldsymbol{b}_1=\boldsymbol{a}_1$$

$$\boldsymbol{b}_2=\boldsymbol{a}_2-\frac{[\boldsymbol{b}_1,\boldsymbol{a}_2]}{[\boldsymbol{b}_1,\boldsymbol{b}_1]}\boldsymbol{b}_1$$

$$\cdots$$

$$\boldsymbol{b}_r=\boldsymbol{a}_r-\frac{[\boldsymbol{b}_1,\boldsymbol{a}_r]}{[\boldsymbol{b}_1,\boldsymbol{b}_1]}\boldsymbol{b}_1-\frac{[\boldsymbol{b}_2,\boldsymbol{a}_r]}{[\boldsymbol{b}_2,\boldsymbol{b}_2]}\boldsymbol{b}_2-\cdots-\frac{[\boldsymbol{b}_{r-1},\boldsymbol{a}_r]}{[\boldsymbol{b}_{r-1},\boldsymbol{b}_1]}\boldsymbol{b}_{r-1}$$

容易验证$\boldsymbol{b}_1,\boldsymbol{b}_2,\cdots,\boldsymbol{b}_r$两两正交,且$\boldsymbol{b}_1,\boldsymbol{b}_2,\cdots,\boldsymbol{b}_r$与$\boldsymbol{a}_1,\boldsymbol{a}_2,\cdots,\boldsymbol{a}_r$等价.

取

$$\boldsymbol{e}_1=\frac{\boldsymbol{b}_1}{\|\boldsymbol{b}_1\|},\quad \boldsymbol{e}_2=\frac{\boldsymbol{b}_2}{\|\boldsymbol{b}_2\|},\quad \cdots,\quad \boldsymbol{e}_r=\frac{\boldsymbol{b}_r}{\|\boldsymbol{b}_r\|}$$

$\boldsymbol{e}_1,\boldsymbol{e}_2,\cdots,\boldsymbol{e}_r$就是$V\subset\mathbf{R}^n$的规范正交基,$\boldsymbol{e}_1,\boldsymbol{e}_2,\cdots,\boldsymbol{e}_r$与$\boldsymbol{a}_1,\boldsymbol{a}_2,\cdots,\boldsymbol{a}_r$等价.

二、正交矩阵的定义和性质

1. 正交矩阵的定义

定义 3.6.1 如果n阶方阵$\boldsymbol{A}$满足

$$\boldsymbol{A}^{\mathrm{T}}\boldsymbol{A}=\boldsymbol{E}$$

则称$\boldsymbol{A}$为正交矩阵.

2. 正交矩阵的性质

若$\boldsymbol{A}$为正交矩阵,则必有

(1) $\boldsymbol{A}^{-1}=\boldsymbol{A}^{\mathrm{T}},(\boldsymbol{A}^{\mathrm{T}})^{-1}=(\boldsymbol{A}^{-1})^{\mathrm{T}}=\boldsymbol{A}$;

学习笔录：

(2) $|\boldsymbol{A}|=1$ 或 $|\boldsymbol{A}|=-1$；

(3) 若 $\boldsymbol{A},\boldsymbol{B}$ 都是正交矩阵，则 $\boldsymbol{AB}$ 也是正交矩阵.

3. 正交矩阵的判定

定理 3.6.1 方阵 $\boldsymbol{A}$ 为正交矩阵的充分必要条件是 $\boldsymbol{A}$ 的列向量是单位向量且两两正交.

三、向量空间

1. 向量空间的定义

定义 3.7.1 设 $V\subseteq\mathbf{R}^n$，若 $\boldsymbol{\alpha}\in V,\boldsymbol{\beta}\in V$，则必有 $\boldsymbol{\alpha}+\boldsymbol{\beta}\in V$，称 V 对加法运算封闭. 若 $\boldsymbol{\alpha}\in V,\lambda\in\mathbf{R}$，有 $\lambda\boldsymbol{\alpha}\in V$，则称 V 对数乘运算封闭.

定义 3.7.2 设 $V\subseteq\mathbf{R}^n$，$V\neq\varnothing$，若 V 对向量的加法及数乘运算封闭，则称 V 是向量空间.

2. 向量组生成的向量空间

已知向量组 $\boldsymbol{\alpha}_1,\boldsymbol{\alpha}_2,\cdots,\boldsymbol{\alpha}_s$，

$$V=\{\boldsymbol{x}\mid k_1\boldsymbol{\alpha}_1+k_2\boldsymbol{\alpha}_2+\cdots+k_s\boldsymbol{\alpha}_s,k_i\in\mathbf{R},i=1,2,\cdots,s\}$$

称为是由 $\boldsymbol{\alpha}_1,\boldsymbol{\alpha}_2,\cdots,\boldsymbol{\alpha}_s$ 生成的向量空间，记为 $L(\boldsymbol{\alpha}_1,\boldsymbol{\alpha}_2,\cdots,\boldsymbol{\alpha}_s)$.

定理 3.7.1 设 $V=L(\boldsymbol{\alpha}_1,\boldsymbol{\alpha}_2,\cdots,\boldsymbol{\alpha}_s)$，则 V 与 $\boldsymbol{\alpha}_1,\boldsymbol{\alpha}_2,\cdots,\boldsymbol{\alpha}_s$ 等价.

定理 3.7.2 两个等价的向量组生成的向量空间相同.

3. 向量空间的基、维数和坐标

定义 3.7.3 V 为一个向量空间，如果向量组 $\boldsymbol{\alpha}_1,\boldsymbol{\alpha}_2,\cdots,\boldsymbol{\alpha}_r\in V$，满足：

(1) $\boldsymbol{\alpha}_1,\boldsymbol{\alpha}_2,\cdots,\boldsymbol{\alpha}_r$ 线性无关；

(2) V 中任意一个向量都可由向量组 $\boldsymbol{\alpha}_1,\boldsymbol{\alpha}_2,\cdots,\boldsymbol{\alpha}_r$ 线性表示.

则向量组 $\boldsymbol{\alpha}_1,\boldsymbol{\alpha}_2,\cdots,\boldsymbol{\alpha}_r$ 称为向量空间 V 的一个基，r 称为向量空间 V 的维数，V 称为 r 维向量空间.

定义 3.7.4 V 为一个向量空间，如果满足：

(1) $\boldsymbol{\alpha}_1,\boldsymbol{\alpha}_2,\cdots,\boldsymbol{\alpha}_r$ 为 V 的基；

(2) $\|\boldsymbol{\alpha}_i\|=1(i=1,2,\cdots,r)$；

(3) $\boldsymbol{\alpha}_1,\boldsymbol{\alpha}_2,\cdots,\boldsymbol{\alpha}_r$ 两两正交.

则称 $\boldsymbol{\alpha}_1,\boldsymbol{\alpha}_2,\cdots,\boldsymbol{\alpha}_r$ 为 V 的规范正交基.

定理 3.7.3 n 维向量空间 V 的任意一个向量经 V 的一个基线性表出时，其表示法是唯一的.

定义 3.7.5 令

$$\boldsymbol{\alpha}_1,\boldsymbol{\alpha}_2,\cdots,\boldsymbol{\alpha}_n$$

是向量空间 V 的一个基，$\boldsymbol{\beta}\in V$，且

$$\boldsymbol{\beta}=k_1\boldsymbol{\alpha}_1+k_2\boldsymbol{\alpha}_2+\cdots+k_n\boldsymbol{\alpha}_n$$

那么称 n 元有序数组 $k_1,k_2,\cdots,k_n$ 是 $\boldsymbol{\beta}$ 在基 $\boldsymbol{\alpha}_1,\boldsymbol{\alpha}_2,\cdots,\boldsymbol{\alpha}_n$ 下的坐标(或 $\boldsymbol{\beta}$ 关于基 $\boldsymbol{\alpha}_1,\boldsymbol{\alpha}_2,\cdots,\boldsymbol{\alpha}_n$ 的坐标).

下列内容可以根据需要由同学们自学.

4. 基变换与坐标变换

下面我们讨论向量空间 V 的两个基之间的关系,以及同一向量在不同基下的坐标之间的关系.

(1) 基变换公式.

设 $\boldsymbol{\alpha}_1,\boldsymbol{\alpha}_2,\cdots,\boldsymbol{\alpha}_n;\boldsymbol{\beta}_1,\boldsymbol{\beta}_2,\cdots,\boldsymbol{\beta}_n$ 是 n 维向量空间 V 的两个基.

令

$$\begin{aligned}\boldsymbol{\beta}_1&=a_{11}\boldsymbol{\alpha}_1+a_{21}\boldsymbol{\alpha}_2+\cdots+a_{n1}\boldsymbol{\alpha}_n\\ \boldsymbol{\beta}_2&=a_{12}\boldsymbol{\alpha}_1+a_{22}\boldsymbol{\alpha}_2+\cdots+a_{n2}\boldsymbol{\alpha}_n\\ &\cdots\\ \boldsymbol{\beta}_n&=a_{1n}\boldsymbol{\alpha}_1+a_{2n}\boldsymbol{\alpha}_2+\cdots+a_{nn}\boldsymbol{\alpha}_n\end{aligned}$$

以 $\boldsymbol{\beta}_j(j=1,2,\cdots,n)$ 关于基 $\boldsymbol{\alpha}_1,\boldsymbol{\alpha}_2,\cdots,\boldsymbol{\alpha}_n$ 的坐标为列可构成 n 阶矩阵

$$\boldsymbol{A}=\begin{pmatrix}a_{11}&a_{12}&\cdots&a_{1n}\\a_{21}&a_{22}&\cdots&a_{2n}\\\vdots&\vdots&&\vdots\\a_{n1}&a_{n2}&\cdots&a_{nn}\end{pmatrix}$$

$\boldsymbol{A}$ 称为由基 $\boldsymbol{\alpha}_1,\boldsymbol{\alpha}_2,\cdots,\boldsymbol{\alpha}_n$ 到基 $\boldsymbol{\beta}_1,\boldsymbol{\beta}_2,\cdots,\boldsymbol{\beta}_n$ 的过渡矩阵. 可记为

$$(\boldsymbol{\beta}_1,\boldsymbol{\beta}_2,\cdots,\boldsymbol{\beta}_n)=(\boldsymbol{\alpha}_1,\boldsymbol{\alpha}_2,\cdots,\boldsymbol{\alpha}_n)\boldsymbol{A}$$

(2) 坐标变换公式.

设 $\boldsymbol{\alpha}_1,\boldsymbol{\alpha}_2,\cdots,\boldsymbol{\alpha}_n;\boldsymbol{\beta}_1,\boldsymbol{\beta}_2,\cdots,\boldsymbol{\beta}_n$ 是 V 的两个基,

$$(\boldsymbol{\beta}_1,\boldsymbol{\beta}_2,\cdots,\boldsymbol{\beta}_n)=(\boldsymbol{\alpha}_1,\boldsymbol{\alpha}_2,\cdots,\boldsymbol{\alpha}_n)\boldsymbol{A}$$

且

$$\boldsymbol{\xi}=(\boldsymbol{\alpha}_1,\boldsymbol{\alpha}_2,\cdots,\boldsymbol{\alpha}_n)\begin{pmatrix}x_1\\x_2\\\vdots\\x_n\end{pmatrix}=(\boldsymbol{\beta}_1,\boldsymbol{\beta}_2,\cdots,\boldsymbol{\beta}_n)\begin{pmatrix}y_1\\y_2\\\vdots\\y_n\end{pmatrix}$$

则

$$\begin{pmatrix}x_1\\x_2\\\vdots\\x_n\end{pmatrix}=\boldsymbol{A}\begin{pmatrix}y_1\\y_2\\\vdots\\y_n\end{pmatrix}$$

或

学习笔录:

学习笔录：

$$\begin{pmatrix} y_1 \\ y_2 \\ \vdots \\ y_n \end{pmatrix} = \boldsymbol{A}^{-1} \begin{pmatrix} x_1 \\ x_2 \\ \vdots \\ x_n \end{pmatrix}$$

为坐标变换公式.

本次课作业

3.5 向量的内积、长度及正交性

1. 填空题：

(1) 设 $\boldsymbol{a}_1=(1,1,1)^{\mathrm{T}},\boldsymbol{a}_2=(0,1,-1)^{\mathrm{T}},\boldsymbol{a}_3=(t,1,1)^{\mathrm{T}}$ 是正交向量组，则 $t=$______.

(2) 已知 $\boldsymbol{\alpha}_1,\boldsymbol{\alpha}_2,\boldsymbol{\alpha}_3$ 为两两正交的单位向量组，则内积 $[\boldsymbol{\alpha}_1,k_1\boldsymbol{\alpha}_1+k_2\boldsymbol{\alpha}_2+k_3\boldsymbol{\alpha}_3]=$________.

2. 设 $\boldsymbol{a}=(1,0,-2)^{\mathrm{T}},\boldsymbol{b}=(-4,2,3)^{\mathrm{T}}$，$\boldsymbol{c}$ 与 $\boldsymbol{a}$ 正交，且 $\boldsymbol{b}=\lambda\boldsymbol{a}+\boldsymbol{c}$，求 λ 和 $\boldsymbol{c}$.

3. 利用施密特法把向量组 $\boldsymbol{\alpha}_1=(1,1,1)^{\mathrm{T}},\boldsymbol{\alpha}_2=(1,2,3)^{\mathrm{T}},\boldsymbol{\alpha}_3=(1,4,9)^{\mathrm{T}}$ 正交化.

学习笔录：

3.6　正交矩阵及其性质

1. 填空题：

(1) 若方阵 $\boldsymbol{A}$ 满足________(即________)，则称 $\boldsymbol{A}$ 为正交矩阵；

(2) 方阵 $\boldsymbol{A}$ 为正交矩阵的充分必要条件是 $\boldsymbol{A}$ 的列(或行)向量________.

2. 下列矩阵是否为正交矩阵？

(1) $\begin{pmatrix} 1 & -1/2 & 1/3 \\ -1/2 & 1 & 1/2 \\ 1/3 & 1/2 & -1 \end{pmatrix}$；　(2) $\begin{pmatrix} 1/9 & -8/9 & -4/9 \\ -8/9 & 1/9 & -4/9 \\ -4/9 & -4/9 & 7/9 \end{pmatrix}$.

3. 设 $\boldsymbol{H}=\boldsymbol{E}-2\boldsymbol{x}\boldsymbol{x}^{\mathrm{T}}$，$\boldsymbol{E}$ 为 n 阶单位矩阵，$\boldsymbol{x}$ 为 n 维列向量，又 $\boldsymbol{x}^{\mathrm{T}}\boldsymbol{x}=1$，求证：

(1) $\boldsymbol{H}$ 是对称矩阵；(2) $\boldsymbol{H}$ 是正交矩阵.

班级：　　　　学号：　　　　姓名：　　　　任课教师：

学习笔录：

3.7 向量空间

1. 填空题：

(1) 设 $\boldsymbol{\alpha}_i=(a_{i1},a_{i2},a_{i3},a_{i4})^{\mathrm{T}}(i=1,2,3)$线性无关，由向量组 $\boldsymbol{\alpha}_1,\boldsymbol{\alpha}_2,\boldsymbol{\alpha}_3$ 生成的空间为 $V=\left\{\boldsymbol{x}=\sum_{i=1}^{3}k_i\boldsymbol{\alpha}_i \mid k_i\in\mathbf{R}\right\}$，则 V 是______维向量空间.

(2) 已知3维向量空间的一个基为 $\boldsymbol{\alpha}_1=(1,1,0)^{\mathrm{T}},\boldsymbol{\alpha}_2=(1,0,1)^{\mathrm{T}},\boldsymbol{\alpha}_3=(0,1,1)^{\mathrm{T}}$，则向量 $\boldsymbol{\alpha}=(2,0,0)^{\mathrm{T}}$ 在这个基下的坐标是________________.

(3) 已知 $V=\{\boldsymbol{x}\mid\boldsymbol{x}=(x_1,x_2,x_3)^{\mathrm{T}}\in\mathbf{R}^3$，且 $x_1+x_2=a\}$ 是向量空间，则常数 $a=$______.

2. 设 $V_1=\{\boldsymbol{x}=(x_1,x_2,\cdots,x_n)^{\mathrm{T}}\mid x_1,x_2,\cdots,x_n\in\mathbf{R}$，且 $x_1+x_2+\cdots+x_n=0\}$，$V_2=\{\boldsymbol{x}=(x_1,x_2,\cdots,x_n)^{\mathrm{T}}\mid x_1,x_2,\cdots,x_n\in\mathbf{R}$，且 $x_1+x_2+\cdots+x_n=1\}$，问：V_1，V_2 是不是向量空间？

3. 由 $\boldsymbol{\alpha}_1=(1,1,1)^{\mathrm{T}},\boldsymbol{\alpha}_2=(2,3,4)^{\mathrm{T}},\boldsymbol{\alpha}_3=(5,7,9)^{\mathrm{T}}$ 所生成的向量空间记作 S_1，由 $\boldsymbol{\beta}_1=(3,4,5)^{\mathrm{T}},\boldsymbol{\beta}_2=(0,1,2)^{\mathrm{T}}$ 所生成的向量空间记作 S_2，试证 $S_1=S_2$，并说出该空间的维数.

学习笔录：

4. 证明 $\boldsymbol{\alpha}_1=(1,-1,0)^T,\boldsymbol{\alpha}_2=(2,1,3)^T,\boldsymbol{\alpha}_3=(3,1,2)^T$ 是 $\mathbf{R}^3$ 的一个基,并把 $\boldsymbol{v}_1=(5,0,7)^T,\boldsymbol{v}_2=(-9,-8,-13)^T$ 用这个基线性表示.

第三章　自　测　题

一、填空题：

1. 设 $3(\boldsymbol{a}_1-\boldsymbol{a})+2(\boldsymbol{a}_2+\boldsymbol{a})=5(\boldsymbol{a}_3+\boldsymbol{a})$,其中 $\boldsymbol{a}_1=(2,5,1,3)^T,\boldsymbol{a}_2=(10,1,5,10)^T,\boldsymbol{a}_3=(4,1,-1,1)^T$,则 $\boldsymbol{a}=$________.

2. 设 $\boldsymbol{\alpha}_1,\boldsymbol{\alpha}_2,\boldsymbol{\alpha}_3,\boldsymbol{\beta}_1,\boldsymbol{\beta}_2$ 都是4维列向量,且行列式 $|(\boldsymbol{\alpha}_1,\boldsymbol{\alpha}_2,\boldsymbol{\alpha}_3,\boldsymbol{\beta}_1)|=m$, $|(\boldsymbol{\alpha}_1,\boldsymbol{\alpha}_2,\boldsymbol{\beta}_2,\boldsymbol{\alpha}_3)|=n$,则行列式 $|(\boldsymbol{\alpha}_3,\boldsymbol{\alpha}_2,\boldsymbol{\alpha}_1,\boldsymbol{\beta}_1+\boldsymbol{\beta}_2)|=$____________.

3. 若 $R(\boldsymbol{\alpha}_1,\boldsymbol{\alpha}_2,\boldsymbol{\alpha}_3,\boldsymbol{\alpha}_4)=4$,则向量组 $\boldsymbol{\alpha}_1,\boldsymbol{\alpha}_2,\boldsymbol{\alpha}_4$ 是线性________.

4. 设 $\boldsymbol{a}_1,\boldsymbol{a}_2,\boldsymbol{a}_3$ 是3维向量空间 $\mathbf{R}^3$ 的一组基,则由基 $\boldsymbol{a}_1,\frac{1}{2}\boldsymbol{a}_2,\frac{1}{3}\boldsymbol{a}_3$ 到基 $\boldsymbol{a}_1+\boldsymbol{a}_2,\boldsymbol{a}_2+\boldsymbol{a}_3,\boldsymbol{a}_3+\boldsymbol{a}_1$ 的过渡矩阵为____________.

二、选择题：

1. 设向量组 $\boldsymbol{a}_1,\boldsymbol{a}_2,\boldsymbol{a}_3$ 线性无关,则下列向量组中线性相关的是________.

A. $\boldsymbol{a}_1-\boldsymbol{a}_2,\boldsymbol{a}_2-\boldsymbol{a}_3,\boldsymbol{a}_3-\boldsymbol{a}_1$　　B. $\boldsymbol{a}_1+\boldsymbol{a}_2,\boldsymbol{a}_2+\boldsymbol{a}_3,\boldsymbol{a}_3+\boldsymbol{a}_1$

C. $\boldsymbol{a}_1-2\boldsymbol{a}_2,\boldsymbol{a}_2-2\boldsymbol{a}_3,\boldsymbol{a}_3-2\boldsymbol{a}_1$　　D. $\boldsymbol{a}_1+2\boldsymbol{a}_2,\boldsymbol{a}_2+2\boldsymbol{a}_3,\boldsymbol{a}_3+2\boldsymbol{a}_1$

2. 设两个向量组(Ⅰ)与(Ⅱ)的秩相等,且(Ⅰ)可由(Ⅱ)线性表出,则________.

A. (Ⅱ)可由(Ⅰ)线性表出

B. (Ⅱ)不一定能由(Ⅰ)线性表出

C. (Ⅰ)线性无关

D. (Ⅰ)的向量的个数多于(Ⅱ)的向量的个数

班级： 学号： 姓名： 任课教师：

学习笔录：

3. 已知 $\boldsymbol{\alpha}_1=(1,-1,0)^{\mathrm{T}}$，$\boldsymbol{\alpha}_2=(2,1,3)^{\mathrm{T}}$，$\boldsymbol{\alpha}_3=(3,1,2)^{\mathrm{T}}$ 为 $\mathbf{R}^3$ 的一个基，则向量 $\boldsymbol{\alpha}=(5,0,7)^{\mathrm{T}}$ 在这组基下的坐标为________.

A. $(2,3,-1)$　　B. $(-2,3,-1)$

C. $(2,-3,-1)$　　D. $(-2,-3,1)$

三、判断向量组 $\boldsymbol{A}$ 的线性相关性，并求它的一个最大无关组，再把其余向量用这个最大无关组线性表示，其中，$\boldsymbol{A}:\boldsymbol{\alpha}_1=(0,3,1,2)^{\mathrm{T}}$，$\boldsymbol{\alpha}_2=(3,0,7,14)^{\mathrm{T}}$，$\boldsymbol{\alpha}_3=(1,-1,2,4)^{\mathrm{T}}$，$\boldsymbol{\alpha}_4=(1,-1,2,0)^{\mathrm{T}}$，$\boldsymbol{\alpha}_5=(2,1,5,6)^{\mathrm{T}}$.

四、设 $\boldsymbol{b}_1=\boldsymbol{a}_1+\boldsymbol{a}_2$，$\boldsymbol{b}_2=\boldsymbol{a}_2+\boldsymbol{a}_3$，$\boldsymbol{b}_3=\boldsymbol{a}_3+\boldsymbol{a}_4$，$\boldsymbol{b}_4=\boldsymbol{a}_4+\boldsymbol{a}_1$，证明：向量组 $\boldsymbol{b}_1,\boldsymbol{b}_2,\boldsymbol{b}_3,\boldsymbol{b}_4$ 线性相关.

五、设 n 维单位坐标向量组 $\boldsymbol{e}_1,\boldsymbol{e}_2,\cdots,\boldsymbol{e}_n$ 可由向量组 $\boldsymbol{\alpha}_1,\boldsymbol{\alpha}_2,\cdots,\boldsymbol{\alpha}_n$ 线性表示，证明：$\boldsymbol{\alpha}_1,\boldsymbol{\alpha}_2,\cdots,\boldsymbol{\alpha}_n$ 线性无关.

六、集合 $V=\{(x_1,0,\cdots,0,x_n)^{\mathrm{T}}\mid x_1,x_n\in\mathbf{R}\}$（其中，$n\geqslant 2$）是否构成向量空间？如果构成向量空间，求此空间的维数.

难题讲解

线性代数导学教程

班级：　　　　学号：　　　　姓名：　　　　任课教师：

授课章节	第四章　线性方程组　4.1　齐次线性方程组的基础解系与解空间
目的要求	1. 熟练应用线性方程组解的判定定理； 2. 会求齐次线性方程组的基础解系及通解
重点难点	重点：线性方程组的有解判定； 难点：线性方程组的基础解系

主要内容：

学习笔录：

一、齐次线性方程组的基础解系

1. 齐次线性方程组解的性质

性质 4.1.1　若 $\boldsymbol{x}=\boldsymbol{\xi}_1$，$\boldsymbol{x}=\boldsymbol{\xi}_2$ 为方程组 $\boldsymbol{Ax}=\boldsymbol{0}$ 的解，则 $\boldsymbol{x}=\boldsymbol{\xi}_1+\boldsymbol{\xi}_2$ 也是方程组 $\boldsymbol{Ax}=\boldsymbol{0}$ 的解.

性质 4.1.2　若 $\boldsymbol{x}=\boldsymbol{\xi}_1$ 为方程组 $\boldsymbol{Ax}=\boldsymbol{0}$ 的解，则 $\boldsymbol{x}=k\boldsymbol{\xi}_1$ 也是方程组 $\boldsymbol{Ax}=\boldsymbol{0}$ 的解，其中 $k\in\mathbf{R}$.

2. 齐次线性方程组的解空间、基础解系及通解结构

定义 4.1.1　设 S 为 n 维向量的集合，如果集合 S 非空，且集合 S 对于加法及乘数两种运算封闭，那么就称集合 S 为向量空间. 其中集合 S 对于加法及乘数两种运算封闭指：

(1) $\boldsymbol{\alpha}\in S,\boldsymbol{\beta}\in S$，则 $\boldsymbol{\alpha}+\boldsymbol{\beta}\in S$；(2) 若 $\boldsymbol{\alpha}\in V,\lambda\in\mathbf{R}$，则 $\lambda\boldsymbol{\alpha}\in V$.

定义 4.1.2　齐次方程组 $\boldsymbol{Ax}=\boldsymbol{0}$ 的解构成的空间称为解空间.

定义 4.1.3　设 S 是向量空间，如果 r 个向量 $\boldsymbol{\alpha}_1,\boldsymbol{\alpha}_2,\cdots,\boldsymbol{\alpha}_r\in S$ 且满足：

(1) $\boldsymbol{\alpha}_1,\boldsymbol{\alpha}_2,\cdots,\boldsymbol{\alpha}_r\in S$ 线性无关；

(2) S 中任一向量都可由 $\boldsymbol{\alpha}_1,\boldsymbol{\alpha}_2,\cdots,\boldsymbol{\alpha}_r$ 线性表示.

则向量 $\boldsymbol{\alpha}_1,\boldsymbol{\alpha}_2,\cdots,\boldsymbol{\alpha}_r$ 称为 S 的一个基；r 称为 S 的维数；称 S 为 r 维线性空间.

定义 4.1.4　齐次线性方程组 $\boldsymbol{Ax}=\boldsymbol{0}$ 的解空间 S 的基称为该方程组的基础解系.

性质 4.1.3　设 $\boldsymbol{A}$、$\boldsymbol{B}$ 都是 n 阶矩阵，且 $\boldsymbol{AB}=\boldsymbol{0}$，则 $R(\boldsymbol{A})+R(\boldsymbol{B})\leqslant n$.

班级:　　　　学号:　　　　姓名:　　　　任课教师:

学习笔录:

3. 求解齐次线性方程组的解题思路流程图(见图 4-1)

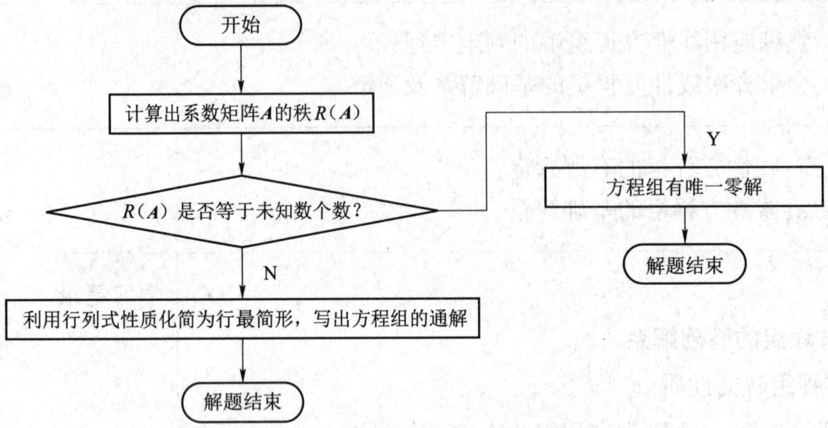

图 4-1　求齐次解线性方程组的解题思路流程图

本次课作业:

4.1　齐次线性方程组的基础解系与解空间

1. 填空题:

(1) n 元齐次线性方程组 $\boldsymbol{AX}=\boldsymbol{0}$ 有非零解的充分必要条件为________;

(2) 设 $\boldsymbol{A}$ 为 4 阶方阵, $\boldsymbol{A}^*$ 为 $\boldsymbol{A}$ 的伴随矩阵,且 $R(\boldsymbol{A}^*)=1$,则方程组 $\boldsymbol{AX}=\boldsymbol{0}$ 的基础解系中含有解向量的个数为________.

2. 选择题:

(1) 设 $m\times n$ 矩阵 $\boldsymbol{A}$ 的秩 $R(\boldsymbol{A})=n-1$,且 $\boldsymbol{\xi}_1,\boldsymbol{\xi}_2$ 是方程组 $\boldsymbol{AX}=\boldsymbol{0}$ 的两个不同的解,则 $\boldsymbol{AX}=\boldsymbol{0}$ 的通解为________;

A. $k\boldsymbol{\xi}_1, k\in\mathbf{R}$　　　　B. $k\boldsymbol{\xi}_2, k\in\mathbf{R}$

C. $k(\boldsymbol{\xi}_1+\boldsymbol{\xi}_2), k\in\mathbf{R}$　　　　D. $k(\boldsymbol{\xi}_1-\boldsymbol{\xi}_2), k\in\mathbf{R}$

(2) 要使 $\boldsymbol{\xi}_1=(1,0,2)^{\mathrm{T}},\boldsymbol{\xi}_2=(0,1,-1)^{\mathrm{T}}$ 都是方程组 $\boldsymbol{AX}=\boldsymbol{0}$ 的解,则系数矩阵 $\boldsymbol{A}$ 为________;

A. $(-2,1,1)$　　　　B. $\begin{pmatrix}2 & 0 & -1\\ 0 & 1 & 1\end{pmatrix}$

C. $\begin{pmatrix}1 & 0 & 2\\ 0 & 1 & -1\end{pmatrix}$　　　　D. $\begin{pmatrix}0 & 1 & -1\\ 4 & -2 & -2\\ 0 & 1 & 1\end{pmatrix}$

(3) 设 $\boldsymbol{A}$ 为 n 阶方阵, $R(\boldsymbol{A})=n-3$,且 $\boldsymbol{\alpha}_1,\boldsymbol{\alpha}_2,\boldsymbol{\alpha}_3$ 是 $\boldsymbol{Ax}=\boldsymbol{0}$ 的三个线性

无关的解向量，则 $Ax = 0$ 的基础解系为________；

A. $\boldsymbol{\alpha}_1 + \boldsymbol{\alpha}_2, \boldsymbol{\alpha}_2 + \boldsymbol{\alpha}_3, \boldsymbol{\alpha}_3 + \boldsymbol{\alpha}_1$

B. $\boldsymbol{\alpha}_2 - \boldsymbol{\alpha}_1, \boldsymbol{\alpha}_3 - \boldsymbol{\alpha}_2, \boldsymbol{\alpha}_1 - \boldsymbol{\alpha}_3$

C. $\boldsymbol{\alpha}_1 + \boldsymbol{\alpha}_2 + \boldsymbol{\alpha}_3, \boldsymbol{\alpha}_3 - \boldsymbol{\alpha}_2, -\boldsymbol{\alpha}_1 - 2\boldsymbol{\alpha}_3$

D. $2\boldsymbol{\alpha}_2 - \boldsymbol{\alpha}_1, \frac{1}{2}\boldsymbol{\alpha}_3 - \boldsymbol{\alpha}_2, \boldsymbol{\alpha}_1 - \boldsymbol{\alpha}_3$

(4) 5 个四元齐次线性方程组 $Ax = 0$ 的系数矩阵的秩为 4，则其解空间的维数为________.

(A)1　　(B)4　　(C)5　　(D) 0

3. 求解齐次线性方程组 $\begin{cases} x_1 + x_2 + 2x_3 - x_4 = 0, \\ 2x_1 + x_2 + x_3 - x_4 = 0, \\ 2x_1 + 2x_2 + x_3 + 2x_4 = 0. \end{cases}$

4. 求齐次线性方程组 $\begin{cases} x_1 - 2x_2 + 3x_3 = 0, \\ x_1 + 3x_2 - 2x_3 = 0, \\ 2x_1 + x_2 + x_3 = 0 \end{cases}$ 的通解.

学习笔录：

学习笔录：

5. 求解齐次线性方程组 $\begin{cases} x_1 + x_2 + x_5 = 0, \\ x_1 + x_2 - x_3 = 0, \\ x_3 + x_4 + x_5 = 0. \end{cases}$

6. 求齐次线性方程组 $\begin{cases} x_1 + 2x_2 + x_3 - 3x_4 + 2x_5 = 0, \\ 2x_1 + x_2 + x_3 + x_4 - 3x_5 = 0, \\ x_1 + x_2 + 2x_3 + 2x_4 - 2x_5 = 0, \\ 2x_1 + 3x_2 - 5x_3 - 17x_4 + 10x_5 = 0 \end{cases}$ 的一个基础解系及通解.

线性代数导学教程

班级：　　　　　学号：　　　　　姓名：　　　　　任课教师：

授课章节	第四章　线性方程组　4.2　非齐次线性方程组解的结构及其求解方法
目的要求	1. 了解非齐次线性方程组解的结构； 2. 掌握求非齐次线性方程组通解的方法
重点难点	重点：非齐次线性方程组解的结构； 难点：非齐次线性方程组的通解及计算

主要内容：

一、非齐次线性方程组的性质

性质 4.2.1　设 $\boldsymbol{x}=\boldsymbol{\eta}_1$ 及 $\boldsymbol{x}=\boldsymbol{\eta}_2$ 都是非齐次线性方程组 $\boldsymbol{Ax}=\boldsymbol{b}$ 的解，则 $\boldsymbol{x}=\boldsymbol{\eta}_1-\boldsymbol{\eta}_2$ 为对应的齐次线性方程组 $\boldsymbol{Ax}=\boldsymbol{0}$ 的解.

性质 4.2.2　设 $\boldsymbol{x}=\boldsymbol{\eta}$ 是非齐次线性方程组 $\boldsymbol{Ax}=\boldsymbol{b}$ 的解，$\boldsymbol{x}=\boldsymbol{\xi}$ 是对应齐次方程组 $\boldsymbol{Ax}=\boldsymbol{0}$ 的解，则 $\boldsymbol{x}=\boldsymbol{\xi}+\boldsymbol{\eta}$ 也是非齐次线性方程组 $\boldsymbol{Ax}=\boldsymbol{b}$ 的解.

二、非齐次线性方程组解的结构

定理 4.2.1　设 $\boldsymbol{\eta}^*$ 是非齐次线性方程组 $\boldsymbol{Ax}=\boldsymbol{b}$ 的一个解，$\boldsymbol{\xi}_1,\boldsymbol{\xi}_2,\cdots,\boldsymbol{\xi}_{n-r}$ 是对应齐次线性方程组 $\boldsymbol{Ax}=\boldsymbol{0}$ 的基础解系，则

$$\boldsymbol{x}=k_1\boldsymbol{\xi}_1+k_2\boldsymbol{\xi}_2+\cdots+k_{n-r}\boldsymbol{\xi}_{n-r}+\boldsymbol{\eta}^*\ (k_1,k_2,\cdots,k_{n-r}\text{ 为任一常数})$$

是非齐次线性方程组 $\boldsymbol{Ax}=\boldsymbol{b}$ 的通解.

三、求解非齐次线性方程组的解题思路流程图（见图 4-2）

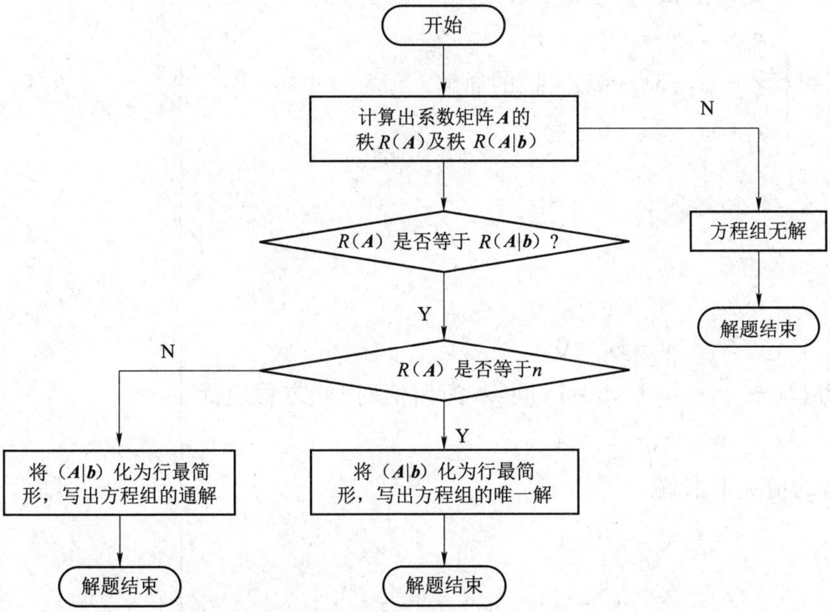

图 4-2　求解非齐次线性方程组的解题思路流程图

学习笔录：

班级： 学号： 姓名： 任课教师：

本次课作业： 学习笔录：

4.2 非齐次线性方程组解的结构及其求解方法

1. 填空题：

(1) 设 $\boldsymbol{\eta}$ 为线性方程组 $\boldsymbol{Ax}=\boldsymbol{b}$ 的解，$\boldsymbol{\xi}$ 是 $\boldsymbol{Ax}=\boldsymbol{0}$ 的解，则 $\boldsymbol{\eta}-\boldsymbol{\xi}$ 是____________________的解；

(2) 设方程组 $\begin{pmatrix} a & 1 & 1 \\ 1 & a & 1 \\ 1 & 1 & a \end{pmatrix}\begin{pmatrix} x_1 \\ x_2 \\ x_3 \end{pmatrix}=\begin{pmatrix} 1 \\ 1 \\ -2 \end{pmatrix}$ 有无穷多个解，则 $a=$____.

2. 选择题：

(1) 设 $\boldsymbol{A}$ 为 4×3 矩阵，$\boldsymbol{\alpha}$ 是齐次线性方程组 $\boldsymbol{Ax}=\boldsymbol{0}$ 的基础解系，则 $R(\boldsymbol{A})=$________.

A. 1　　B. 3　　C. 2　　D. 4

(2) 对于非齐次线性方程组 $\boldsymbol{Ax}=\boldsymbol{b}$ 和其对应的齐次线性方程组 $\boldsymbol{Ax}=\boldsymbol{0}$，下面结论中正确的是________.

A. 若 $\boldsymbol{Ax}=\boldsymbol{0}$ 仅有零解，则 $\boldsymbol{Ax}=\boldsymbol{b}$ 无解

B. 若 $\boldsymbol{Ax}=\boldsymbol{0}$ 有非零解，则 $\boldsymbol{Ax}=\boldsymbol{b}$ 有无穷多解

C. 若 $\boldsymbol{Ax}=\boldsymbol{b}$ 有无穷多解，则 $\boldsymbol{Ax}=\boldsymbol{0}$ 有非零解

D. 若 $\boldsymbol{Ax}=\boldsymbol{b}$ 有唯一解，则 $\boldsymbol{Ax}=\boldsymbol{0}$ 有非零解

3. 求线性方程组 $\begin{cases} x_1+x_2-3x_3-x_4=1, \\ 3x_1-x_2-3x_3+4x_4=4, \\ -x_1+3x_2-3x_3-6x_4=-2 \end{cases}$ 的通解.

4. 设有方程组 $\begin{cases} x_1+2x_2-x_3-2x_4=0, \\ 2x_1-x_2-x_3+x_4=1, \\ 3x_1+x_2-2x_3-x_4=\lambda. \end{cases}$ 问：λ 为何值时，此方程组无解，有解？并在有解的情况下求解.

5. 设四元非齐次方程组的系数矩阵的秩为 3，已知 $\boldsymbol{\eta}_1,\boldsymbol{\eta}_2,\boldsymbol{\eta}_3$ 是它的三个解向量，且 $\boldsymbol{\eta}_1=\begin{pmatrix}2\\3\\4\\5\end{pmatrix}$，$\boldsymbol{\eta}_2+\boldsymbol{\eta}_3=\begin{pmatrix}1\\2\\3\\4\end{pmatrix}$，求该方程组的通解.

6. 求解非齐次线性方程组 $\begin{cases}2x+3y+z=4,\\ x-2y+4z=-5,\\ 3x+8y-2z=13,\\ 4x-y+9z=-6.\end{cases}$

学习笔录：

班级：　　　　学号：　　　　姓名：　　　　任课教师：

学习笔录：

第四章　自　测　题

一、填空题：

在齐次方程组 $\boldsymbol{A}_{m\times n}\boldsymbol{x}=\boldsymbol{0}$ 中，若 $R(\boldsymbol{A})=r$，且 $\boldsymbol{\xi}_1,\boldsymbol{\xi}_2,\cdots,\boldsymbol{\xi}_k$ 是它的一个基础解系，则 $k=$______，当 $r=$______时，此方程组只有零解.

二、选择题：

1. 已知 $\boldsymbol{\beta}_1,\boldsymbol{\beta}_2$ 是非齐次线性方程组 $\boldsymbol{Ax}=\boldsymbol{b}$ 的两个不同的解，$\boldsymbol{\alpha}_1,\boldsymbol{\alpha}_2$ 是对应齐次方程组 $\boldsymbol{Ax}=\boldsymbol{0}$ 的基础解系，k_1,k_2 为任意常数，则方程组 $\boldsymbol{Ax}=\boldsymbol{b}$ 的通解必是________.

A. $k_1\boldsymbol{\alpha}_1+k_2(\boldsymbol{\alpha}_1+\boldsymbol{\alpha}_2)+\dfrac{\boldsymbol{\beta}_1-\boldsymbol{\beta}_2}{2}$　　B. $k_1\boldsymbol{\alpha}_1+k_2(\boldsymbol{\alpha}_1-\boldsymbol{\alpha}_2)+\dfrac{\boldsymbol{\beta}_1+\boldsymbol{\beta}_2}{2}$

C. $k_1\boldsymbol{\alpha}_1+k_2(\boldsymbol{\beta}_1+\boldsymbol{\beta}_2)+\dfrac{\boldsymbol{\beta}_1-\boldsymbol{\beta}_2}{2}$　　D. $k_1\boldsymbol{\alpha}_1+k_2(\boldsymbol{\beta}_1-\boldsymbol{\beta}_2)+\dfrac{\boldsymbol{\beta}_1-\boldsymbol{\beta}_2}{2}$

2. 设矩阵 $\boldsymbol{A}=(a_{ij})_{m\times n}$，则 $\boldsymbol{Ax}=\boldsymbol{0}$ 仅有零解的充分必要条件是____.

A. $\boldsymbol{A}$ 的行向量组线性无关　　B. $\boldsymbol{A}$ 的行向量组线性相关

C. $\boldsymbol{A}$ 的列向量组线性无关　　D. $\boldsymbol{A}$ 的列向量组线性相关

三、λ 取何值时，非齐次线性方程组 $\begin{cases}-2x_1+x_2+x_3=-2,\\ x_1-2x_2+x_3=\lambda,\\ x_1+x_2-2x_3=\lambda^2\end{cases}$ 有解？并求出它的全部解.

学习笔录：

四、已知方阵 $\boldsymbol{A}=\begin{pmatrix}1 & 2 & -2\\ 2 & -1 & \lambda\\ 3 & 1 & -1\end{pmatrix}$，三阶方阵 $\boldsymbol{B}\neq\boldsymbol{O}$ 且满足 $\boldsymbol{AB}=\boldsymbol{O}$，(1) 试求 λ 的值；(2) 试求 $R(\boldsymbol{B})$.

五、设 $\boldsymbol{A}=\begin{pmatrix}1 & 2 & 1 & 2\\ 0 & 1 & c & c\\ 1 & c & 0 & 1\end{pmatrix}$，方程组 $\boldsymbol{Ax}=\boldsymbol{0}$ 的解空间的维数为 2，求 $\boldsymbol{Ax}=\boldsymbol{0}$ 的通解.

学习笔录：

六、a,b 取何值时,线性方程组 $\begin{cases} x_1+x_2+x_3+x_4=0, \\ x_2+2x_3+2x_4=1, \\ -x_2+(a-3)x_3-2x_4=b, \\ 3x_1+2x_2+x_3+ax_4=-1 \end{cases}$ 有唯一解,无解,有无穷多解？并在有无穷多解时求通解.

七、设 n 阶矩阵 $\boldsymbol{A}$ 的各行元素之和均为零,且 $\boldsymbol{A}$ 的秩为 $n-1$,求齐次线性方程组 $\boldsymbol{Ax}=\boldsymbol{0}$ 的通解.

八、设非齐次线性方程组 $\boldsymbol{Ax}=\boldsymbol{b}$ 的系数矩阵 $\boldsymbol{A}$ 为 5×3 阶矩阵,$R(\boldsymbol{A})=2$,且 $\boldsymbol{\eta}_1,\boldsymbol{\eta}_2$ 是该方程组的两个解,有 $\boldsymbol{\eta}_1+\boldsymbol{\eta}_2=\begin{pmatrix}1\\3\\0\end{pmatrix}$,$2\boldsymbol{\eta}_1+3\boldsymbol{\eta}_2=\begin{pmatrix}2\\5\\1\end{pmatrix}$,求该方程组的通解.

难题讲解

班级： 学号： 姓名： 任课教师：

授课章节	第五章　相似矩阵及二次型　5.1　方阵的特征值与特征向量
目的要求	1. 理解特征值与特征向量的概念； 2. 会求低阶方阵的特征值与特征向量
重点难点	重点：数字矩阵的特征值与特征向量的求解； 难点：带有参数的矩阵的特征值与特征向量的求解

主要内容：

学习笔录：

一、特征值和特征向量的概念

方阵的特征值和特征向量不仅用于相似线性变换矩阵的求解，而且在诸如几何中的变换、控制系统的稳定性分析、微分方程的求解等问题中都有广泛的应用. 因此，特征值和特征向量是十分重要的概念.

1. 特征值和特征向量的概念

定义 5.1.1　设 $\boldsymbol{A}$ 是 n 阶矩阵，如果数 λ 和 n 维非零向量 $\boldsymbol{x}$ 使关系式

$$\boldsymbol{Ax}=\lambda\boldsymbol{x}$$

成立，那么称 λ 为方阵 $\boldsymbol{A}$ 的特征值，称非零向量 $\boldsymbol{x}$ 为 $\boldsymbol{A}$ 的对应于特征值 λ 的特征向量.

定义 5.1.2　设 $\boldsymbol{A}=(a_{ij})$ 是一个 n 阶方阵，λ 是一个变量，矩阵 $\boldsymbol{A}-\lambda\boldsymbol{E}$ 的行列式

$$\det(\boldsymbol{A}-\lambda\boldsymbol{E})=\begin{vmatrix} a_{11}-\lambda & a_{12} & \cdots & a_{1n} \\ a_{21} & a_{22}-\lambda & \cdots & a_{2n} \\ \vdots & \vdots & & \vdots \\ a_{n1} & a_{n2} & \cdots & a_{nn}-\lambda \end{vmatrix}$$

称为 $\boldsymbol{A}$ 的特征多项式，记作 $f(\lambda)$. 这里，$f(\lambda)$ 是一个关于变量 λ 的 n 次多项式.

以 λ 为未知量的方程 $f(\lambda)=0$，即

$$\det(\boldsymbol{A}-\lambda\boldsymbol{E})=\begin{vmatrix} a_{11}-\lambda & a_{12} & \cdots & a_{1n} \\ a_{21} & a_{22}-\lambda & \cdots & a_{2n} \\ \vdots & \vdots & & \vdots \\ a_{n1} & a_{n2} & \cdots & a_{nn}-\lambda \end{vmatrix}=0$$

称为矩阵 $\boldsymbol{A}$ 的特征方程.

2. 特征值的性质

(1) $\lambda_1+\lambda_2+\cdots+\lambda_n=a_{11}+a_{22}+\cdots+a_{nn}$；

(2) $\lambda_1\lambda_2\cdots\lambda_n=\det(\boldsymbol{A})$.

学习笔录：

称 $\sum_{i=1}^{n} a_{ii}$ 为矩阵 $\boldsymbol{A}=(a_{ij})_{n\times n}$ 的迹,记作 trace($\boldsymbol{A}$).

二、特征值和特征向量的求解

求解方阵 $\boldsymbol{A}$ 特征值和特征向量的流程：

(1) 求出方阵 $\boldsymbol{A}$ 的特征方程 $f(\lambda)=\det(\boldsymbol{A}-\lambda\boldsymbol{E})=0$ 的全部根,它们就是 $\boldsymbol{A}$ 的特征值;

(2) 将求得的特征值逐个代入齐次线性方程组

$$(\boldsymbol{A}-\lambda\boldsymbol{E})\boldsymbol{x}=\boldsymbol{0}$$

求其非零解,在表述为通解时要注意非零常数的选取,得到属于每个特征值的全部特征向量.求解方阵的特征值和特征向量的解题思路流程图如图 5-1 所示.

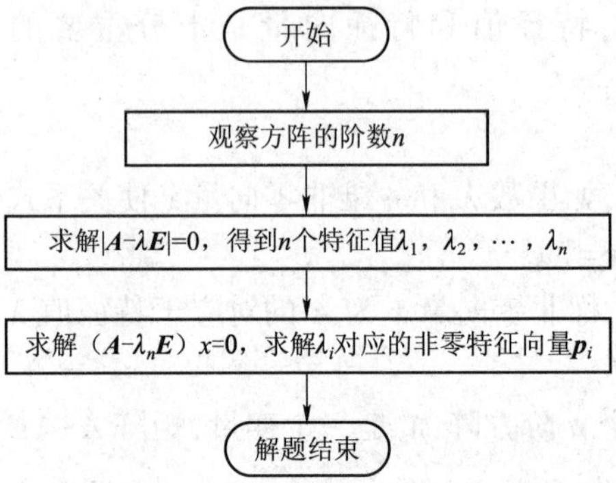

图 5-1　求解方阵的特征值和特征向量的解题思路流程图

本次课作业：

5.1　方阵的特征值与特征向量

1. 填空题：

(1) n 阶单位矩阵的全部特征值为________,特征向量为________________.

(2) 设 n 阶方阵 $\boldsymbol{A}$ 可逆, k 为常数, m 为正整数,λ 是 $\boldsymbol{A}$ 的特征值,则 $\boldsymbol{A}^{-1}$ 的特征值为____;$\boldsymbol{A}^m$ 的特征值为____;$\boldsymbol{A}^*$ 的特征值为______;$\boldsymbol{A}^{\mathrm{T}}$ 的特征值为______;$k\boldsymbol{A}$ 的特征值为____;矩阵 $\boldsymbol{A}$ 的多项式 $\varphi(\boldsymbol{A})=a_0\boldsymbol{E}+a_1\boldsymbol{A}+\cdots+a_m\boldsymbol{A}^m$ 的特征值为________________.

(3) 设三阶方阵 $\boldsymbol{A}$ 有三个不同的特征值,且其中两个特征值分别为-2,3,又已知 $|\boldsymbol{A}|=48$,则 $\boldsymbol{A}$ 的第三个特征值为______.

学习笔录：

(4) 已知矩阵 $A=\begin{pmatrix}4 & a\\ 2 & 6\end{pmatrix}$ 只有一个线性无关的特征向量，则 $a=$________.

2. 求下列矩阵的特征值和特征向量：

(1) $A=\begin{pmatrix}1 & 2 & 3\\ 2 & 1 & 3\\ 3 & 3 & 6\end{pmatrix}$；　　(2) $B=\begin{pmatrix}0 & 0 & 1\\ 0 & 1 & 0\\ 1 & 0 & 0\end{pmatrix}$.

3. 设 $A^2=E$,求证 A 的特征值只能是±1.

4. 已知三阶对称矩阵 A 的一个特征值为 $\lambda=2$,对应的特征向量 $\alpha=(1,2,-1)^{T}$,且 A 的主对角线上的元素全为零,求 A.

线性代数导学教程

班级： 学号： 姓名： 任课教师：

授课章节	第五章　相似矩阵及二次型　5.1　方阵的特征值与特征向量(续)；5.2 相似矩阵
目的要求	1. 掌握特征值与特征向量的性质； 2. 相似矩阵的概念及运算
重点难点	重点：特征值与特征向量的性质； 难点：相似矩阵的概念及运算

主要内容：

学习笔录：

一、特征值和特征向量的性质

定理 5.1.1　设 λ 是方阵 $\boldsymbol{A}$ 的特征值，则 λ^2 是 $\boldsymbol{A}^2$ 的特征值；若 $\boldsymbol{A}$ 可逆，则 λ^{-1} 是 $\boldsymbol{A}^{-1}$ 的特征值.

注意　常见矩阵运算的特征值与特征向量如下：

矩阵	$\boldsymbol{A}$	$l\boldsymbol{A}$	$\boldsymbol{A}^k$	$f(\boldsymbol{A})=\sum_{i=0}^{m}a_i\boldsymbol{A}^i$	$\boldsymbol{A}^{-1}$	$\boldsymbol{A}^*$	$\boldsymbol{A}^{\mathrm{T}}$	$\boldsymbol{P}^{-1}\boldsymbol{A}\boldsymbol{P}$
特征值	λ	$l\lambda$	λ^k	$f(\lambda)=\sum_{i=0}^{m}a_i\lambda^i$	$\frac{1}{\lambda}$	$\frac{\lvert\boldsymbol{A}\rvert}{\lambda}$	λ	λ
特征向量	$\boldsymbol{x}$	$\boldsymbol{x}$	$\boldsymbol{x}$	$\boldsymbol{x}$	$\boldsymbol{x}$	$\boldsymbol{x}$		$\boldsymbol{P}^{-1}\boldsymbol{x}$

定理 5.1.2　设 λ_1,λ_2 是方阵 $\boldsymbol{A}$ 的相异的特征值，$\boldsymbol{p}_1,\boldsymbol{p}_2$ 是 $\boldsymbol{A}$ 的分别属于 λ_1 及 λ_2 的特征向量，则 $\boldsymbol{p}_1,\boldsymbol{p}_2$ 线性无关，且 $\boldsymbol{p}_1+\boldsymbol{p}_2$ 不是 $\boldsymbol{A}$ 的特征向量.

定理 5.1.3　设 $\lambda_1,\cdots,\lambda_n$ 是方阵 $\boldsymbol{A}$ 的 n 个彼此相异的特征值，$\boldsymbol{p}_1,\boldsymbol{p}_2,\cdots,\boldsymbol{p}_n$ 是分别属于它们的特征向量，则 $\boldsymbol{p}_1,\boldsymbol{p}_2,\cdots,\boldsymbol{p}_n$ 线性无关.

二、相似矩阵的概念和性质

相似变换使矩阵 $\boldsymbol{A}$ 和一个比较简单的矩阵 $\boldsymbol{B}$ 建立了关系式 $\boldsymbol{P}^{-1}\boldsymbol{A}\boldsymbol{P}=\boldsymbol{B}$，可以使问题的求解更加简单.

1. 相似变换的概念

定义 5.2.1　设 $\boldsymbol{A},\boldsymbol{B}$ 都是 n 阶方阵，若有可逆方阵 $\boldsymbol{P}$，使

$$\boldsymbol{P}^{-1}\boldsymbol{A}\boldsymbol{P}=\boldsymbol{B}$$

学习笔录：

则称 $\boldsymbol{B}$ 是 $\boldsymbol{A}$ 的相似矩阵，或说矩阵 $\boldsymbol{A}$ 与 $\boldsymbol{B}$ 相似. 对 $\boldsymbol{A}$ 进行的运算 $\boldsymbol{P}^{-1}\boldsymbol{A}\boldsymbol{P}$ 称为对 $\boldsymbol{A}$ 进行相似变换. 可逆方阵 $\boldsymbol{P}$ 称为把 $\boldsymbol{A}$ 变成 $\boldsymbol{B}$ 的相似变换矩阵.

2. 相似变换的性质

(1) 等价不一定相似，但相似必等价，故相似满足等价的三条基本性质，即自反性、对称性、传递性.

(2) 若 n 阶方阵 $\boldsymbol{A}$ 与 $\boldsymbol{B}$ 相似，则 $\boldsymbol{A}$ 与 $\boldsymbol{B}$ 的特征多项式相同，从而 $\boldsymbol{A}$ 与 $\boldsymbol{B}$ 的特征值亦相同，而且 $\det\boldsymbol{A}=\det\boldsymbol{B}$，但反之不真，即两个矩阵的特征多项式即使相同，也并不能保证两个矩阵相似.

(3) 若矩阵 $\boldsymbol{A}=(a_{ij})_{n\times n}$ 与 $\boldsymbol{B}=(b_{ij})_{n\times n}$ 相似，则 $\sum\limits_{i=1}^{n} a_{ii}=\sum\limits_{i=1}^{n} b_{ii}$.

(4) 若 n 阶方阵 $\boldsymbol{A}$ 与对角阵

$$\boldsymbol{\Lambda}=\mathrm{diag}(\lambda_1,\cdots,\lambda_n)=\begin{pmatrix}\lambda_1 & & & \\ & \lambda_2 & & \\ & & \ddots & \\ & & & \lambda_n\end{pmatrix}$$

相似，则 $\lambda_1,\cdots,\lambda_n$ 即是 $\boldsymbol{A}$ 的 n 个特征值.

由矩阵的相似性，可以简化矩阵多项式的计算.

(5) 如果 $\boldsymbol{B}=\boldsymbol{P}^{-1}\boldsymbol{A}\boldsymbol{P}$，$\varphi(x)$ 是一个多项式，则有 $\varphi(\boldsymbol{B})=\boldsymbol{P}^{-1}\varphi(\boldsymbol{A})\boldsymbol{P}$. 如果矩阵 $\boldsymbol{B}$ 相似于一个比较简单的矩阵 $\boldsymbol{A}$，$\varphi(\boldsymbol{A})$ 是容易计算的，就可以通过 $\varphi(\boldsymbol{B})=\boldsymbol{P}^{-1}\varphi(\boldsymbol{A})\boldsymbol{P}$ 来简单地计算 $\varphi(\boldsymbol{B})$. 特别地，当 φ 是特征多项式时，有结论：$f(\boldsymbol{A})=0$.

三、方阵可相似对角化的充要条件

定义 5.2.2 若一个 n 阶方阵 $\boldsymbol{A}$ 与一个对角阵 $\boldsymbol{\Lambda}=\mathrm{diag}(\lambda_1,\cdots,\lambda_n)$ 相似，就称 $\boldsymbol{A}$ 可以对角化.

定理 5.2.2 n 阶矩阵 $\boldsymbol{A}$ 与对角阵相似(即 $\boldsymbol{A}$ 能对角化)的充分必要条件是 $\boldsymbol{A}$ 有 n 个线性无关的特征向量.

推论 5.2.3 如果 n 阶矩阵 $\boldsymbol{A}$ 的 n 个特征值互不相等，则 $\boldsymbol{A}$ 与对角阵相似.

四、难题讲解

设 $\boldsymbol{A}=\begin{pmatrix}1 & 2 & -1\\ 0 & 0 & 0\\ 0 & 0 & 0\end{pmatrix}$，试问：$\boldsymbol{A}$ 能否对角化？若 $\boldsymbol{A}$ 能对角化，则求出使 $\boldsymbol{A}$ 相似于对角矩阵的相似变换矩阵 $\boldsymbol{P}$，并写出这个对角矩阵.

判断方阵是否可以相似对角化的解题思路流程图如图 5-2 所示.

学习笔录：

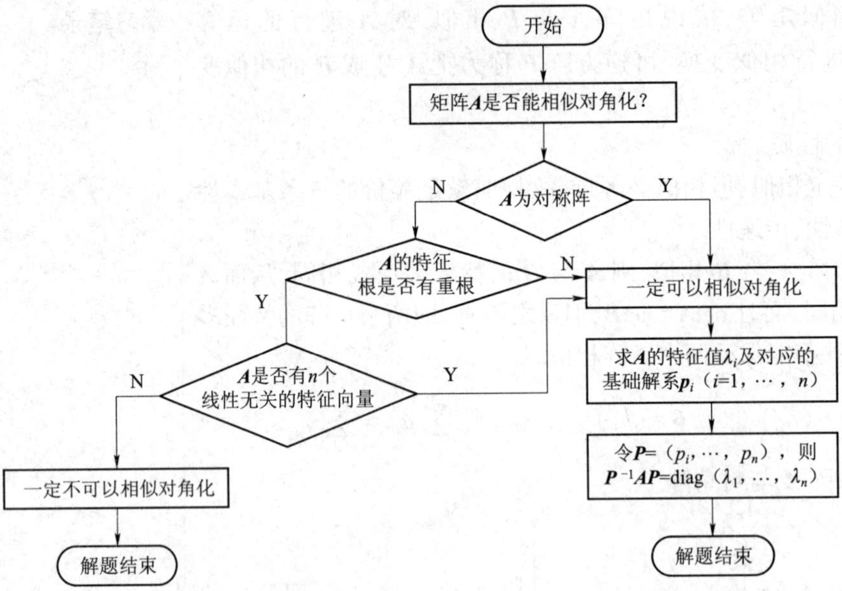

图 5-2　判断方阵是否可以相似对角化的解题思路流程图

解　先求出 $\boldsymbol{A}$ 的特征值. 由 $|\boldsymbol{A}-\lambda\boldsymbol{E}|=\begin{vmatrix}1-\lambda & 2 & -1\\ 0 & -\lambda & 0\\ 0 & 0 & -\lambda\end{vmatrix}=\lambda^2(1-\lambda)$,

得特征值为 $\lambda_1=\lambda_2=0,\lambda_3=1$.

当 $\lambda_1=\lambda_2=0$ 时,解方程组 $(\boldsymbol{A}-0\boldsymbol{E})\boldsymbol{x}=\boldsymbol{0}$,得基础解系 $\boldsymbol{p}_1=(1,0,1)^{\mathrm{T}}$,$\boldsymbol{p}_2=(0,1,2)^{\mathrm{T}}$,则 $\boldsymbol{p}_1,\boldsymbol{p}_2$ 是 $\boldsymbol{A}$ 的对应于特征值 $\lambda_1=\lambda_2=0$ 的两个线性无关的特征向量.

当 $\lambda_3=1$ 时,解方程组 $(\boldsymbol{A}-\boldsymbol{E})\boldsymbol{x}=\boldsymbol{0}$,由

$\boldsymbol{A}-\boldsymbol{E}=\begin{pmatrix}0 & 2 & -1\\ 0 & -1 & 0\\ 0 & 0 & -1\end{pmatrix}\overset{r}{\sim}\begin{pmatrix}0 & 1 & 0\\ 0 & 0 & 1\\ 0 & 0 & 0\end{pmatrix}$,得基础解系 $\boldsymbol{p}_3=(1,0,0)^{\mathrm{T}}$,则 $\boldsymbol{p}_1$,$\boldsymbol{p}_2,\boldsymbol{p}_3$ 是 $\boldsymbol{A}$ 的 3 个线性无关的特征向量,故 $\boldsymbol{A}$ 能对角化.

令 $\boldsymbol{P}=(\boldsymbol{p}_1,\boldsymbol{p}_2,\boldsymbol{p}_3)=\begin{pmatrix}1 & 0 & 1\\ 0 & 1 & 0\\ 1 & 2 & 0\end{pmatrix}$,则 $\boldsymbol{P}$ 即为所求的相似变换矩阵,且

$$\boldsymbol{P}^{-1}\boldsymbol{A}\boldsymbol{P}=\begin{pmatrix}0 & & \\ & 0 & \\ & & 1\end{pmatrix}\qquad (*)$$

注意：(1) 由于$\boldsymbol{A}$的对应于特征值的特征向量不是唯一的，因此把$\boldsymbol{A}$对角化的相似变换矩阵$\boldsymbol{P}$也不是唯一的.

(2) 在写出式(＊)时，要特别注意特征值与其特征向量位置的对应.

(3) 若$\boldsymbol{A}$与对角阵$\boldsymbol{\Lambda}$相似，则$\boldsymbol{\Lambda}$的主对角线上的元素就是$\boldsymbol{A}$的n个特征值.

本次课作业：

学习笔录：

5.2 相似矩阵

1. 填空题：

(1) 方阵$\boldsymbol{A}=\begin{pmatrix}2&3\\0&2\end{pmatrix}$能否对角化？______为什么？____________________.

(2) 若n阶方阵$\boldsymbol{A}$与$\boldsymbol{B}$相似，则$\boldsymbol{A}$与$\boldsymbol{B}$的特征多项式________，从而$\boldsymbol{A}$与$\boldsymbol{B}$的__________也相同.

(3) 若n阶方阵$\boldsymbol{A}$的n个特征值互不相等，则$\boldsymbol{A}$与对角矩阵______.

(4) 若n阶方阵$\boldsymbol{A}$与对角矩阵$\boldsymbol{\Lambda}=\begin{pmatrix}\lambda_1&&&\\&\lambda_2&&\\&&\ddots&\\&&&\lambda_n\end{pmatrix}$相似，则$\boldsymbol{A}$的特征值为______________.

2. 已知$\boldsymbol{\xi}=(1,1,-1)^{\mathrm{T}}$是矩阵$\boldsymbol{A}=\begin{pmatrix}2&-1&2\\5&a&3\\-1&b&-2\end{pmatrix}$的一个特征向量，

(1) 求参数a,b及特征向量$\boldsymbol{\xi}$所对应的特征值；(2)$\boldsymbol{A}$能不能相似对角化？为什么？

3. 设多项式为$f(x)=x^2+3x-2$，3 阶矩阵$\boldsymbol{A}$的特征值为 4，0，-2，求$f(\boldsymbol{A})$的特征值.

班级：　　　　学号：　　　　姓名：　　　　任课教师：

授课章节	第五章　相似矩阵及二次型　5.3　实对称矩阵的相似对角化；5.4　二次型及其标准形
目的要求	1. 掌握实对称矩阵的正交相似对角化； 2. 二次型及其标准形的概念
重点难点	重点：将实对称矩阵进行正交相似对角化； 难点：求二次型的标准形和规范性

主要内容：

学习笔录：

一、实对称矩阵的特征值和特征向量

定理 5.3.1　实对称矩阵的特征值恒为实数.

定理 5.3.2　若 $\boldsymbol{A}$ 是实对称矩阵，λ_1,λ_2 是其相异特征值，$\boldsymbol{p}_1,\boldsymbol{p}_2$ 是分别属于它们的特征向量，则 $\boldsymbol{p}_1$ 与 $\boldsymbol{p}_2$ 正交.

定理 5.3.3　设 $\boldsymbol{A}$ 为 n 阶实对称矩阵，则当 λ 是对称矩阵 $\boldsymbol{A}$ 的 k 重特征根时，方阵 $\lambda\boldsymbol{E}-\boldsymbol{A}$ 的秩是 $n-k$，即属于 λ 的特征向量中，恰有 k 个线性无关的特征向量，即实对称矩阵一定可以对角化.

二、实对称矩阵的正交相似对角化

1. 实对称矩阵必可通过正交变换进行相似对角化

定理 5.3.4　设 $\boldsymbol{A}$ 为 n 阶对称矩阵，则必有 n 阶正交矩阵 $\boldsymbol{P}$，使 $\boldsymbol{P}^{-1}\boldsymbol{AP}=\boldsymbol{P}^{\mathrm{T}}\boldsymbol{AP}=\boldsymbol{\Lambda}$，其中，$\boldsymbol{\Lambda}$ 是以 $\boldsymbol{A}$ 的 n 个特征值为对角元的对角阵.

2. 实对称矩阵 $\boldsymbol{A}$ 对角化的步骤

(1) 求出方阵 $\boldsymbol{A}$ 的全部互异的特征值 $\lambda_1,\cdots,\lambda_s$，它们的重数依次为 $k_1,\cdots,k_s(k_1+k_2+\cdots+k_s=n)$.

(2) 对求得的每个 k_i 重特征值 λ_i，求齐次线性方程组 $(\boldsymbol{A}-\lambda_i\boldsymbol{E})\boldsymbol{x}=\boldsymbol{0}$ 的基础解系，得到 k_i 个线性无关的特征向量，再把它们正交化、单位化，得到 k_i 个两两正交的单位特征向量. 因为 $k_1+k_2+\cdots+k_s=n$，所以总共可得 n 个两两正交的单位化的特征向量.

(3) 把这 n 个两两正交的单位特征向量，与对角元的排列次序相对应，依次排列构成正交矩阵 $\boldsymbol{P}$，便有 $\boldsymbol{P}^{-1}\boldsymbol{AP}=\boldsymbol{P}^{\mathrm{T}}\boldsymbol{AP}=\boldsymbol{\Lambda}$.

三、二次型概念及其矩阵表示

1. 二次型的概念

定义 5.4.1　含有 n 个变量 $x_1,x_2,\cdots,x_n$ 的二次齐次函数

$$f(x_1,x_2,\cdots,x_n)=a_{11}x_1^2+a_{22}x_2^2+\cdots+a_{nn}x_n^2+$$
$$2a_{12}x_1x_2+2a_{13}x_1x_3+\cdots+2a_{n-1,n}x_{n-1}x_n$$

学习笔录：

称为 n 元二次型.

2. 二次型的矩阵表示

定义 5.4.2　设 $\boldsymbol{x}=(x_1,x_2,\cdots,x_n)^{\mathrm{T}}$，$\boldsymbol{A}=\begin{pmatrix} a_{11} & a_{12} & \cdots & a_{1n} \\ a_{21} & a_{22} & \cdots & a_{2n} \\ \vdots & \vdots & & \vdots \\ a_{n1} & a_{n2} & \cdots & a_{nn} \end{pmatrix}$，$\boldsymbol{A}$ 是对称矩阵，则二次型可写成

$$f(x_1,x_2,\cdots,x_n)=\boldsymbol{x}^{\mathrm{T}}\boldsymbol{A}\boldsymbol{x}$$

上式为 n 元二次型的矩阵表示，实对称矩阵 $\boldsymbol{A}$ 称为二次型 f 的矩阵，f 称为实对称矩阵 $\boldsymbol{A}$ 的二次型.

定义 5.4.3　称二次型 $f(\boldsymbol{x})=\boldsymbol{x}^{\mathrm{T}}\boldsymbol{A}\boldsymbol{x}$ 的矩阵 $\boldsymbol{A}$ 的秩为二次型 f 的秩.

四、二次型的标准形和规范形

定义 5.4.4　称仅含有平方项的二次型

$$f=k_1x_1^2+k_2x_2^2+\cdots+k_nx_n^2$$

为标准的二次型，简称标准形.

定义 5.4.5　从定义 5.4.4 可知，标准形的矩阵为对角阵. 如果标准形中的系数 $k_1,k_2,\cdots,k_n$ 只在 $1,-1,0$ 这三个数值中取值，会得到一个更加简洁的形式：

$$f=y_1^2+\cdots+y_p^2-y_{p+1}^2-\cdots-y_r^2$$

则称上式为二次型的规范形. 其中，p 称为正惯性指数；负系数的个数 $r-p$ 称为负惯性指数，其中，r 为二次型的秩.

正交相似变换化二次型为标准形的解题思路流程图如图 5-3 所示.

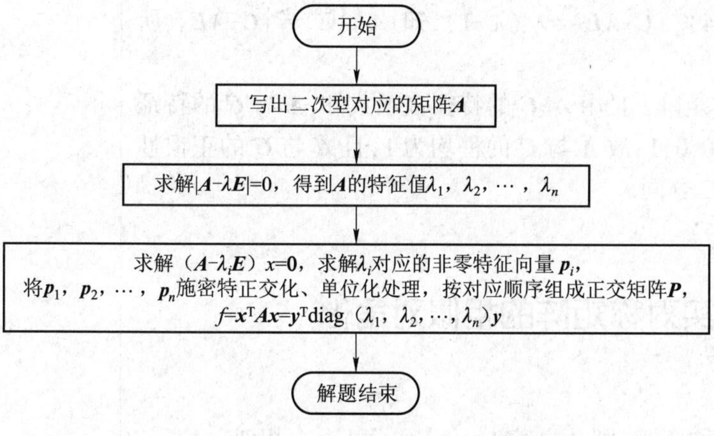

图 5-3　正交相似变换化二次型为标准形的解题思路流程图

学习笔录：

定义 5.4.6　设 $\boldsymbol{A}$ 和 $\boldsymbol{B}$ 是 n 阶矩阵，若有可逆矩阵 $\boldsymbol{C}$，使 $\boldsymbol{B}=\boldsymbol{C}^{\mathrm{T}}\boldsymbol{A}\boldsymbol{C}$，则称矩阵 $\boldsymbol{A}$ 与 $\boldsymbol{B}$ 合同.

推论 5.4.1　设 $\boldsymbol{A}$ 为对称矩阵，若 $\boldsymbol{B}$ 与 $\boldsymbol{A}$ 合同，则 $\boldsymbol{B}$ 亦是对称矩阵，且 $R(\boldsymbol{B})=R(\boldsymbol{A})$.

等价不一定合同，但合同必等价，故相似满足等价的三条基本性质，即自反性、对称性、传递性.

五、难题讲解　设 $\boldsymbol{A}=\begin{pmatrix}1&1&1&1\\1&1&1&1\\1&1&1&1\\1&1&1&1\end{pmatrix}$，$\boldsymbol{B}=\begin{pmatrix}1&0&0&0\\0&0&0&0\\0&0&0&0\\0&0&0&0\end{pmatrix}$. 问：$\boldsymbol{A}$ 与 $\boldsymbol{B}$ 是否等价，是否相似，是否合同？为什么？

判断矩阵是否等价、合同、相似的解题思路流程图如图 5-4 所示.

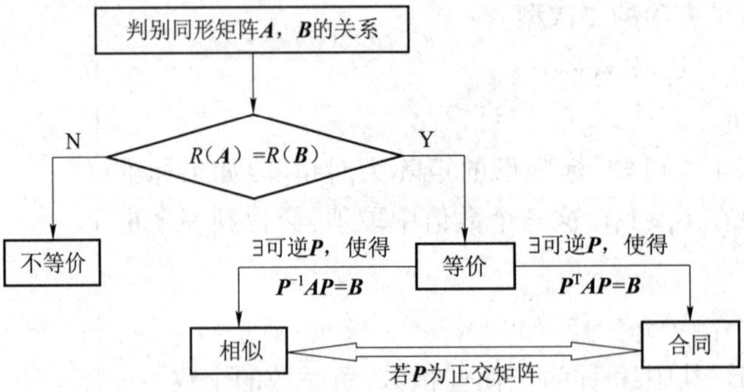

图 5-4　判断矩阵是否等价、合同、相似的解题思路流程图

解　因为 $R(\boldsymbol{A})=R(\boldsymbol{C})=1$，$\boldsymbol{A}$ 与 $\boldsymbol{C}$ 同型，所以 $\boldsymbol{A}$ 与 $\boldsymbol{C}$ 等价.

由 $|\boldsymbol{A}-\lambda\boldsymbol{E}|=\lambda^3(\lambda-4)$，$|\boldsymbol{C}-\lambda\boldsymbol{E}|=\lambda^3(\lambda-1)$，知 $|\boldsymbol{A}-\lambda\boldsymbol{E}|\neq|\boldsymbol{C}-\lambda\boldsymbol{E}|$，所以 $\boldsymbol{A}$ 与 $\boldsymbol{C}$ 不相似.

因 $\boldsymbol{A}$、$\boldsymbol{C}$ 均为实对称矩阵，且由 $\boldsymbol{A}$、$\boldsymbol{C}$ 的特征多项式知，$\boldsymbol{A}$ 与 $\boldsymbol{C}$ 的特征值分别为 0,0,0,4 和 0,0,0,1，故 $\boldsymbol{A}$ 与 $\boldsymbol{C}$ 的秩均为 1，且 $\boldsymbol{A}$ 与 $\boldsymbol{C}$ 的正惯性指数均为 1，从而 $\boldsymbol{A}$ 与 $\boldsymbol{C}$ 合同.

本次课作业：

5.3　实对称矩阵的相似对角化

1. 填空题：

(1) 如果 $\boldsymbol{A}$ 是实对称矩阵，则 $\boldsymbol{A}$ 一定与____________相似.

(2) 设3阶方阵 $\boldsymbol{A}$ 是对称矩阵,它有3个不同的特征值,已知前两个特征值所对应的特征向量分别为 $\boldsymbol{p}_1=(1,1,-1)^{\mathrm{T}}$,$\boldsymbol{p}_2=(1,0,1)^{\mathrm{T}}$,则第三个特征值所对应的特征向量为 $\boldsymbol{p}_3=$ ____________.

2. 求一个正交相似变换矩阵 $\boldsymbol{P}$,将矩阵 $\boldsymbol{A}=\begin{pmatrix}2 & 2 & -2\\ 2 & 5 & -4\\ -2 & -4 & 5\end{pmatrix}$ 化为对角阵.

3. 设三阶方阵 $\boldsymbol{A}$ 的特征值为 $\lambda_1=1,\lambda_2=0,\lambda_3=-1$,对应的特征向量依次为

$$\boldsymbol{p}_1=\begin{pmatrix}1\\2\\2\end{pmatrix},\boldsymbol{p}_2=\begin{pmatrix}2\\-2\\1\end{pmatrix},\boldsymbol{p}_3=\begin{pmatrix}-2\\-1\\2\end{pmatrix}$$

求 $\boldsymbol{A}$.

4. 设矩阵 $\boldsymbol{A}=\begin{pmatrix}-2 & 0 & 0\\ 2 & x & 2\\ 3 & 1 & 1\end{pmatrix}$ 与 $\boldsymbol{B}=\begin{pmatrix}-1 & & \\ & 2 & \\ & & y\end{pmatrix}$ 相似,(1)求 x,y;(2)求可逆矩阵 $\boldsymbol{P}$,使得

$$\boldsymbol{P}^{-1}\boldsymbol{A}\boldsymbol{P}=\boldsymbol{B}$$

学习笔录：

学习笔录：

5.4 二次型及其标准形

1. 填空题：

（1）矩阵 $A=\begin{pmatrix}1 & 2 & 4\\ 2 & 2 & -1\\ 4 & -1 & 3\end{pmatrix}$ 对应的二次型是__________________________________；

（2）二次型

$$f(x_1,x_2,x_3,x_4)=x_1^2+2x_1x_2-x_2^2+4x_2x_3+2x_3x_4+3x_3^2+2x_4^2$$

对应的矩阵为________________,秩为________.

班级：　　　　学号：　　　　姓名：　　　　任课教师：

授课章节	第五章　相似矩阵及二次型　5.5　正交相似变换化简二次型;5.6　用配方法化简二次型为标准形;5.7　正定二次型与正定矩阵
目的要求	1. 掌握利用正交相似变换化二次型为标准形; 2. 矩阵的正定性概念及判定
重点难点	重点:用正交相似变换化二次型为标准形; 难点:矩阵正定性的判定

主要内容：

学习笔录：

一、正交变换化二次型为标准形

在取合同变换化简二次型时,若可逆矩阵 $\boldsymbol{C}$ 还是正交矩阵,即 $\boldsymbol{C}^{\mathrm{T}}=\boldsymbol{C}^{-1}$,则该合同变换成为正交相似变换.一般来说,合同变换不一定是正交相似变换,但是,正交相似变换一定是合同变换.

对于任意二次型

$$f=\boldsymbol{x}^{\mathrm{T}}\boldsymbol{A}\boldsymbol{x}$$

根据上节定理5.3.4,可以求得一个正交阵 $\boldsymbol{P}$,作变换 $\boldsymbol{x}=\boldsymbol{P}\boldsymbol{y}$,可以把 f 化为标准形:

$$f=\boldsymbol{y}^{\mathrm{T}}\boldsymbol{\Lambda}\boldsymbol{y}=\lambda_1y_1^2+\lambda_2y_2^2+\cdots+\lambda_ny_n^2$$

其中,$\lambda_1,\lambda_2,\cdots,\lambda_n$ 是 $\boldsymbol{A}$ 的全部特征值,对角阵 $\boldsymbol{\Lambda}=\mathrm{diag}(\lambda_1,\lambda_2,\cdots,\lambda_n)$.

需指出:由于实对称阵的特征值是实数,因此二次型经过正交变换后,得到的标准形在不考虑各平方项次序的意义下是唯一的.但是,所用的正交变换却不唯一.这是因为在构造正交变换矩阵时,选取属于各特征值的特征向量的取值方式并不唯一,只是要求它们彼此满足线性无关性.

二、惯性定理

定理5.5.1(**惯性定理**)　设有系数为实数的二次型 $f(x_1,\cdots,x_n)$,其秩为 r,有两个可逆线性变换 $\boldsymbol{x}=\boldsymbol{C}\boldsymbol{y}$ 和 $\boldsymbol{x}=\boldsymbol{Q}\boldsymbol{z}$ 均可把该二次型化为标准形,即有

$$f=a_1y_1^2+a_2y_2^2+\cdots+a_sy_s^2-a_{s+1}y_{s+1}^2-\cdots-a_ry_r^2\ (a_i>0,i=1,2,\cdots,r) \quad (1)$$

$$f=b_1z_1^2+b_2z_2^2+\cdots+b_tz_t^2-b_{t+1}z_{t+1}^2-\cdots-b_rz_r^2\ (b_i>0,i=1,2,\cdots,r) \quad (2)$$

则 $s=t$,即二次型 $f(x_1,\cdots,x_n)$ 的不同的标准形式(1)和(2)中正项的个数相同,负项的个数也相同,即该二次型的正、负惯性指数是唯一确定的.

学习笔录:

三、二次型的定性概念及判定方法

1. 二次型的定性概念

定义 5.5.1 设有实系数二次型 $f(x_1,x_2,\cdots,x_n)=\boldsymbol{x}^{\mathrm{T}}\boldsymbol{A}\boldsymbol{x}$,如果对于任意的 $\boldsymbol{x}=(x_1,x_2,\cdots,x_n)^{\mathrm{T}}\neq\boldsymbol{0}$,都有

(1) $f=\boldsymbol{x}^{\mathrm{T}}\boldsymbol{A}\boldsymbol{x}>0$,则称 f 为正定二次型,并称实对称矩阵 $\boldsymbol{A}$ 是正定的;

(2) $f=\boldsymbol{x}^{\mathrm{T}}\boldsymbol{A}\boldsymbol{x}<0$,则称 f 为负定二次型,并称实对称矩阵 $\boldsymbol{A}$ 是负定的;

(3) $f=\boldsymbol{x}^{\mathrm{T}}\boldsymbol{A}\boldsymbol{x}\geqslant 0$,则称 f 为半正定二次型,并称实对称矩阵 $\boldsymbol{A}$ 是半正定的;

(4) $f=\boldsymbol{x}^{\mathrm{T}}\boldsymbol{A}\boldsymbol{x}\leqslant 0$,则称 f 为半负定二次型,并称实对称矩阵 $\boldsymbol{A}$ 是半负定的;

(5) 若存在 $\boldsymbol{x}_0,\boldsymbol{y}_0\in\mathbf{R}^n$,$(\boldsymbol{x}_0^{\mathrm{T}}\boldsymbol{A}\boldsymbol{x}_0)(\boldsymbol{y}_0^{\mathrm{T}}\boldsymbol{A}\boldsymbol{y}_0)<0$,则称 f 为不定二次型,并称实对称矩阵 $\boldsymbol{A}$ 是不定的.

2. 二次型的有定型判定方法

定理 5.5.2 对于实系数二次型 $f(x_1,x_2,\cdots,x_n)=\boldsymbol{x}^{\mathrm{T}}\boldsymbol{A}\boldsymbol{x}$,下述命题等价:

(1) f 是正定的;

(2) f 的正惯性指数为 n;

(3) $\boldsymbol{A}$ 的特征值均大于零;

(4) 存在 n 阶可逆实方阵 $\boldsymbol{B}$,使 $\boldsymbol{A}=\boldsymbol{B}^{\mathrm{T}}\boldsymbol{B}$.

定理 5.5.3 对实对称阵矩阵 $\boldsymbol{A}$,下述命题等价:

(1) $\boldsymbol{A}$ 是正定的;

(2) $\boldsymbol{A}$ 的特征值全大于零;

(3) 存在可逆实方阵 $\boldsymbol{B}$,使 $\boldsymbol{A}=\boldsymbol{B}^{\mathrm{T}}\boldsymbol{B}$;

(4) $\boldsymbol{A}$ 与单位矩阵 $\boldsymbol{E}$ 合同.

推论 5.5.1 若 $\boldsymbol{A}$ 是正定的,则 $\det\boldsymbol{A}>0$.

定理 5.5.4 (赫尔维茨定理)n 阶对称阵 $\boldsymbol{A}=(a_{ij})$ 正定的充分必要条件是:$\boldsymbol{A}$ 的各阶顺序主子式都为正,即

$$a_{11}>0,\begin{vmatrix} a_{11} & a_{12} \\ a_{21} & a_{22} \end{vmatrix}>0,\cdots,\begin{vmatrix} a_{11} & \cdots & a_{1n} \\ \vdots & & \vdots \\ a_{1n} & \cdots & a_{nn} \end{vmatrix}>0$$

而 $\boldsymbol{A}$ 负定的充分必要条件是:奇数阶主子式为负,偶数阶主子式为正,即

$$(-1)^k\begin{vmatrix} a_{11} & \cdots & a_{1k} \\ \vdots & & \vdots \\ a_{1k} & \cdots & a_{kk} \end{vmatrix}>0\ (k=1,2,\cdots,n)$$

学习笔录：

推论 5.5.2　实对称矩阵 $\boldsymbol{A}$ 正定、负定、半正定、半负定和不定的充分必要条件是 $\boldsymbol{A}$ 的特征值全为正数、全为负数、全部非负、全部非正和有正有负.

判断实二次型或实对称矩阵的正定、负定、半正定、半负定和不定的性质,在求多元函数的极值、二次曲线和二次曲面类型的判定、控制系统的稳定性分析等问题中,有重要的应用.

四、难题求解　判别二次型：

$$f=2x_1^2+3x_2^2+4x_3^2-2x_1x_2+4x_1x_3-3x_2x_3$$

的有定性.

判断二次型有定性的解题思路流程图如图 5-5 所示.

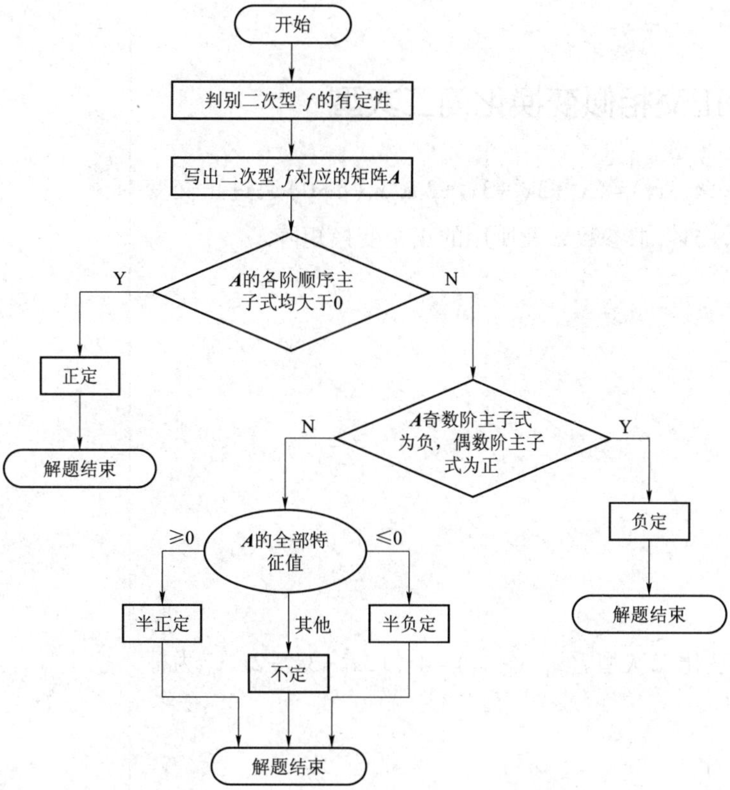

图 5-5　判断二次型有定性的解题思路流程图

解：$f=\boldsymbol{x}^{\mathrm{T}}\boldsymbol{A}\boldsymbol{x}$, $\boldsymbol{A}=\begin{pmatrix}2 & -1 & 2\\ -1 & 3 & -\frac{3}{2}\\ 2 & -\frac{3}{2} & 4\end{pmatrix}$.

学习笔录：

1 阶顺序主子式等于2；

2 阶顺序主子式 $\begin{vmatrix} 2 & -1 \\ -1 & 3 \end{vmatrix}=5$；

3 阶顺序主子式 $\begin{vmatrix} 2 & -1 & 2 \\ -1 & 3 & -\frac{3}{2} \\ 2 & -\frac{3}{2} & 4 \end{vmatrix}=\frac{19}{2}>0$；

所以 f 正定.

本次课作业：

5.5　正交相似变换化简二次型

1. 已知二次型 $f(x_1,x_2,x_3)=2x_1^2+3x_2^2+3x_3^2+2ax_2x_3(a>0)$ 通过正交变换化为二次型 $f=y_1^2+2y_2^2+5y_3^2$，求参数 a 及所用的正交变换矩阵.

2. 求一个正交变换，化二次型 $f(x_1,x_2,x_3)=4x_1^2+3x_2^2+3x_3^2+2x_2x_3$ 为标准形.

班级： 学号： 姓名： 任课教师：

学习笔录：

3. 已知矩阵 $\boldsymbol{A}=\begin{pmatrix}1&1&1&1\\1&1&1&1\\1&1&1&1\\1&1&1&1\end{pmatrix}$，$\boldsymbol{B}=\begin{pmatrix}4&0&0&0\\0&0&0&0\\0&0&0&0\\0&0&0&0\end{pmatrix}$，判断 $\boldsymbol{A}$ 与 $\boldsymbol{B}$ 是否相似？是否合同？

5.6 用配方法化简二次型为标准形

1. 填空题：

$f=x^2+4xy+4y^2+2xz+z^2+4yz$ 的标准形是____________________.

2. 用配方法化二次型 $f(x_1,x_2,x_3)=x_1^2+2x_2^2+2x_3^2-2x_1x_2-4x_2x_3$ 为标准形，并求出可逆线性变换矩阵.

班级:　　　　学号:　　　　姓名:　　　　任课教师:

学习笔录:

5.7　正定二次型与正定矩阵

1. 当 t 为何值时,二次型 $f(x_1,x_2,x_3)=2x_1^2+x_2^2+x_3^2-2tx_1x_2+2x_1x_3$ 为正定的?

2. 判别二次型 $f(x_1,x_2,x_3)=-2x_1^2-6x_2^2-4x_3^2+2x_1x_2+2x_1x_3$ 的正定性.

3. 证明:如果 $\boldsymbol{A}$ 为正定矩阵,那么 $\boldsymbol{A}^{-1}$ 存在,并且 $\boldsymbol{A}^{-1}$ 也是正定矩阵.

班级：　　　　学号：　　　　姓名：　　　　任课教师：

学习笔录：

第五章 自 测 题

一、填空题：

1. $\lim\limits_{n\to\infty} A^n = \lim\limits_{n\to\infty}\begin{pmatrix} 1/3 & 2 & 0 \\ 0 & 1/4 & -1 \\ 0 & 0 & 1/5 \end{pmatrix}^n =$ ______.

2. 当三阶方阵 A 的特征值为 3,-1,2 时, $|A| =$ ____, A^* 的特征值为 ______, $|3A+E| =$ ______.

3. 设 3 阶矩阵 $A = \begin{pmatrix} 0 & 0 & 1 \\ x & 1 & 0 \\ 1 & 0 & 0 \end{pmatrix}$ 有 3 个线性无关的特征向量, 则 x = ______.

4. 如果二次型 $f(x_1, x_2, x_3) = 2x_1^2+4x_2^2+ax_3^2+2bx_1x_3$ 经过正交变换后可化为 $f=4y_1^2+y_2^2+6y_3^2$, 则其秩为______, 且 $a=$______, $b=$______.

5. 如果二次型 $f(x_1, x_2, x_3) = -x_1^2-2x_2^2+mx_3^2+6x_2x_3+6x_1x_3$ 是负定二次型, 则 m 的取值范围为______.

二、选择题：

1. 设 A 是 n 阶方阵, 若 $|A|=0$, 则 A 的特征值为______.

A. 全为零　　B. 全不为零

C. 至少有一个为零　　D. 可以是任意数

2. 设 A 与 B 均为 n 阶方阵, 若 A 与 B 相似, 则下述论断错误的是______.

A. 存在矩阵 M, 且 $|M| \neq 0$, 并有 $MB=AM$

B. $|\lambda E-A| = |\lambda E-B|$

C. A 与 B 有相同的特征值

D. A 与 B 均可对角化

3. 设 $\lambda=2$ 是非奇异矩阵 A 的一个特征值, 则矩阵 $\left(\frac{1}{3}A^2\right)^{-1}$ 有一个特征值等于____.

A. $\frac{4}{3}$　　B. $\frac{3}{4}$　　C. $\frac{1}{2}$　　D. $\frac{1}{4}$

学习笔录：

4. 若矩阵 $\boldsymbol{A}=\begin{pmatrix}-2&0&0\\0&t&1\\0&1&-t^2\end{pmatrix}$ 负定，则 t 应满足的条件是____.

A. $t<-1$　　B. $t>-1$　　C. $|t|<1$　　D. $|t|>1$

5. 设 $\boldsymbol{A}$ 为 n 阶实对称矩阵，且 $\boldsymbol{A}$ 正定，若矩阵 $\boldsymbol{B}$ 与 $\boldsymbol{A}$ 相似，则 $\boldsymbol{B}$ 必为____.

A. 实对称矩阵　　B. 正交矩阵

C. 可逆矩阵　　D. 以上答案都不对

三、已知 $\boldsymbol{A}$ 是四阶方阵，其伴随矩阵 $\boldsymbol{A}^*$ 的特征值是 1,2,4,8，求 $\left(\frac{1}{3}\boldsymbol{A}\right)^{-1}$ 的特征值.

四、设三阶对称矩阵 $\boldsymbol{A}$ 的特征值为 6,3,3，与特征值 6 对应的特征向量为 $\boldsymbol{p}_1=(1,1,1)^{\mathrm{T}}$，求 $\boldsymbol{A}$.

班级：　　　学号：　　　姓名：　　　任课教师：

学习笔录：

五、求出矩阵 $\boldsymbol{A}=\begin{pmatrix}1&2&2\\2&1&2\\2&2&1\end{pmatrix}$ 的全部特征值和对应的特征向量，并判别 $\boldsymbol{A}$ 能否对角化？若能，求可逆矩阵 $\boldsymbol{P}$，使 $\boldsymbol{P}^{-1}\boldsymbol{A}\boldsymbol{P}$ 成为对角阵，并求 $\boldsymbol{A}^{10}$.

六、求一个正交变换，化二次型 $f(x_1,x_2,x_3)=3x_1^2+5x_2^2+5x_3^2+4x_1x_2-4x_1x_3-10x_2x_3$ 为标准形.

七、证明题: (1) 已知 $\boldsymbol{A}^2+\boldsymbol{A}=\boldsymbol{O}$,证明 $\boldsymbol{A}$ 的特征值只能是 0 与 1; (2) 设 $\boldsymbol{A}$、$\boldsymbol{B}$ 均为 n 阶可逆矩阵,证明:若 $\boldsymbol{A}$ 与 $\boldsymbol{B}$ 相似,则 $\boldsymbol{A}^{-1}$ 与 $\boldsymbol{B}^{-1}$ 相似.	学习笔录:

作业及自测题参考答案

1.1

1. (1)1;　　(2)0;　　(3)-4;　　(4)1 或 3.

2. (1) $D=7, D_1=2, D_2=9, x=\frac{2}{7}, y=\frac{9}{7}$;

(2) $D=-23, D_1=-23, D_2=-46, D_3=-69, x_1=1, x_2=2, x_3=3$.

1.2

1. (1)B;　　(2) C.

2. (1) $i=8, j=3$;　　(2) $i=6, j=8$.

3. (1) $\frac{n(n-1)}{2}$;　　(2) $n(n-1)$.

1.3

1. (−); ×;×; (+).

2. (1) 0;　　(2) $n!$, n^2;　　(3) −7.

3. (1) $3abc-a^3-b^3-c^3$;　　(2)0;　　(3) $abcd$;

(4) $(-1)^{n-1}n!$.

1.4　1.5

1. (1) 0;　　(2) $-6M$;　　(3) 0;　　(4) 6.

2. (1) -294×10^5;　　(2) 160;　　(3) $a_1a_2\cdots a_n\left(a_0-\sum_{i=1}^{n}\frac{1}{a_i}\right)$;

(4) $[a+(n-1)b](a-b)^{n-1}$;　　(5) $(a_1b_2-a_2b_1)(c_1d_2-c_2d_1)$.

3. $a_1a_2\cdots a_n\left(1+\sum_{i=1}^{n}\frac{1}{a_i}\right)$.

1.6

1. (1) $-14, 8, -2$;　(2) $-28, 336$;　(3) -4;　　(4) a, b, c.

2. $(a^2-b^2)^n$.

3. $n!\left(1-\sum_{i=2}^{n}\frac{1}{i}\right)$.

1.7

1. $\lambda=-1$ 或 $\lambda=4$ 时有非零解.
2. $x_1=1, x_2=2, x_3=-1, x_4=-2$.
3. $x=y=z=0$.

第一章　自　测　题

一、1. 2,1；　2. -1；　3. 27；
4. 12, -12, -36；　5. $-2a$.

二、1. B；　2. D；　3. B；　4. B.

三、1. 1；2. $\frac{1}{2}(-1)^{n-1}(n+1)!$.

四、(提示：用递推公式计算) $D_n=2D_{n-1}-D_{n-2}$，得 $D_n-D_{n-1}=D_{n-1}-D_{n-2}(n=2,3,\cdots)$，所以 $D_n-D_{n-1}=D_{n-1}-D_{n-2}=\cdots=D_2-D_1$，即 $D_n=D_1+(n-1)=2+n-1=n+1$.

五、$x_1=1, x_2=2, x_3=3$.

六、(提示：范德蒙行列式)

$$x_1=\frac{[(a_2-b)(a_3-b)(a_4-b)]}{(a_2-a_1)(a_3-a_1)(a_4-a_1)};\ x_2=\frac{[(a_4-b)(a_3-b)(a_1-b)]}{(a_4-a_2)(a_3-a_2)(a_1-a_2)};$$

$$x_3=\frac{[(a_4-b)(a_2-b)(a_1-b)]}{(a_4-a_3)(a_2-a_3)(a_1-a_3)};\ x_4=\frac{[(a_3-b)(a_2-b)(a_1-b)]}{(a_3-a_4)(a_2-a_4)(a_1-a_4)}.$$

2.1　2.2

1. (1) (10)；　(2) $\begin{pmatrix}-2&4\\-1&2\\-3&6\end{pmatrix}$；　(3) $\begin{pmatrix}6&-7&8\\20&-5&-6\end{pmatrix}$.

2. $3\boldsymbol{AB}-2\boldsymbol{A}=\begin{pmatrix}-2&13&22\\-2&-17&20\\4&29&-2\end{pmatrix}$，$\boldsymbol{A}^{\mathrm{T}}\boldsymbol{B}=\begin{pmatrix}0&5&8\\0&-5&6\\2&9&0\end{pmatrix}$.

3. $\boldsymbol{A}^k=\begin{pmatrix}1&0\\k\lambda&1\end{pmatrix}$.　4. 提示：用对称阵的定义证明.

5. ± 2.　6. $|\boldsymbol{A}+\boldsymbol{E}|=0$.　7. $\begin{pmatrix}8&14\\14&29\end{pmatrix}$.

2.3

1. (1) $\begin{pmatrix}\cos\theta & \sin\theta\\ \sin\theta & -\cos\theta\end{pmatrix}$；　(2) $\begin{pmatrix}-2 & 1 & 0\\ -\frac{13}{2} & 3 & -\frac{1}{2}\\ -16 & 7 & -1\end{pmatrix}$.

2. $\frac{1}{10}\boldsymbol{A}$（提示：利用等式 $\boldsymbol{AA}^*=|\boldsymbol{A}|\boldsymbol{E}$）.

3. $\begin{cases}x_1=1,\\ x_2=0,\\ x_3=0.\end{cases}$

4. $\boldsymbol{X}=\begin{pmatrix}-2 & 2 & 1\\ -\frac{8}{3} & 5 & -\frac{2}{3}\end{pmatrix}$.

5. $\begin{pmatrix}0 & 2 & 1\\ 0 & 0 & 0\\ 0 & 0 & 0\end{pmatrix}$.

6. $\frac{1}{3}\begin{pmatrix}1+2^{13} & 4+2^{13}\\ -1-2^{11} & -4-2^{11}\end{pmatrix}$.

2.4

1. $\begin{pmatrix}1 & -2 & 0 & 0\\ -2 & 5 & 0 & 0\\ 0 & 0 & 2 & -3\\ 0 & 0 & -5 & 8\end{pmatrix}$.

2. $|\boldsymbol{A}^8|=10^{16}$；$\boldsymbol{A}^4=\begin{pmatrix}5^4 & 0 & 0 & 0\\ 0 & 5^4 & 0 & 0\\ 0 & 0 & 2^4 & 0\\ 0 & 0 & 2^6 & 2^4\end{pmatrix}$.

3. $\begin{pmatrix}\boldsymbol{O} & \boldsymbol{B}^{-1}\\ \boldsymbol{A}^{-1} & \boldsymbol{O}\end{pmatrix}$.

4. 33.

2.5

1. (1) ①对调两行（对调 i,j 两行，记作 $r_i\leftrightarrow r_j$）；

②以数 $k\neq 0$ 乘某一行中的所有元素（第 i 行乘 k，记作 $r_i\times k$）；

③把某一行所有元素的 k 倍加到另一行对应的元素上去（第 j 行的 k 倍加到第 i 行上，记作 r_i+kr_j）.

①对调两列（对调 i,j 两列，记作 $c_i\leftrightarrow c_j$）；

②以数 $k\neq 0$ 乘某一列中的所有元素（第 i 列乘 k，记作 $c_i\times k$）；

③把某一列所有元素的 k 倍加到另一列对应的元素上去（第 j 列的 k 倍加到第 i 列上，记作 c_i+kc_j）.(2) 矩阵的初等变换；(3) 等价.

2. (1) $\begin{pmatrix}1 & 0 & 0 & 5\\ 0 & 0 & 1 & -3\\ 0 & 0 & 0 & 0\end{pmatrix}$；　(2) $\begin{pmatrix}1 & 0 & 0 & 0\\ 0 & 1 & 0 & 5\\ 0 & 0 & 1 & 3\end{pmatrix}$.

3. (1) $\begin{pmatrix} -2 & 1 & 0 \\ -\frac{13}{2} & 3 & -\frac{1}{2} \\ -16 & 7 & -1 \end{pmatrix}$； (2) $\begin{pmatrix} \frac{7}{6} & \frac{2}{3} & -\frac{3}{2} \\ -1 & -1 & 2 \\ -\frac{1}{2} & 0 & \frac{1}{2} \end{pmatrix}$.

4. $\begin{pmatrix} 2 & 0 & 1 \\ 0 & 3 & 0 \\ 1 & 0 & 2 \end{pmatrix}$.

2.6

1. (1) $\boldsymbol{A}^{-1}$； (2) 0. 2. $R=2$.

3. 秩是2；$\begin{vmatrix} 3 & 1 \\ 1 & -1 \end{vmatrix}$ 是一个最高阶非零子式. 4. $R(\boldsymbol{AB})=2$.

2.7

1. (1) $R(\boldsymbol{A})=R(\bar{\boldsymbol{A}})=R(\boldsymbol{A},\boldsymbol{b})$； (2) $R(\boldsymbol{A})=R(\bar{\boldsymbol{A}})=n$； (3) $R(\boldsymbol{A})=R(\bar{\boldsymbol{A}})<n$.

2. 无解.

3. $a=-3$ 时方程组无解，$a\neq 2$ 且 $a\neq -3$ 时方程组有唯一解 $\begin{cases} x_1=1, \\ x_2=\dfrac{1}{a+3}, \\ x_3=\dfrac{1}{a+3}, \end{cases}$，$a=2$ 时有无穷多解 $\begin{cases} x_1=5c, \\ x_2=1-4c, \\ x_3=c, \end{cases}$ 其中 c 为任意常数.

第二章　自　测　题

一、1. B； 2. C； 3. A； 4. C.

二、1. 2^{n+1}； 2. 2^n； 3. $-\dfrac{2^{2n-1}}{3}$； 4. $\boldsymbol{E}$；

5. 第2行与第3行对换； 6. 0 或 −1； 7. 不为零的 m 阶.

三、$\boldsymbol{A}^{-1}=\dfrac{1}{2}(\boldsymbol{A}-\boldsymbol{E})$；$(\boldsymbol{A}+2\boldsymbol{E})^{-1}=\dfrac{1}{4}(3\boldsymbol{E}-\boldsymbol{A})$.

四、$\boldsymbol{B}=\begin{pmatrix} 3 & -8 & -6 \\ 2 & -9 & -6 \\ -2 & 12 & 9 \end{pmatrix}$.

五、略.　　六、$\frac{1}{9}$.　　七、略.　　八、略.

3.1

1. (1) $(-5,0,2)^{T}$;　　(2) $(-2,8,-2)^{T}$.

3.2

1. (1)=；(2) ⩾.　　2. (1) C；(2) A.
3. $\boldsymbol{b}=2\boldsymbol{a}_1+3\boldsymbol{a}_2-\boldsymbol{a}_3$.　　4. 等价.

3.3

1. (1)>；(2)相关.　　2. D.　　3. (1)×；(2)×；(3)√；(4)√.
4. (1)当 $t\neq 5$ 时，线性无关；　　(2)当 $t=5$ 时，线性相关，且 $\boldsymbol{\alpha}_3=-\boldsymbol{\alpha}_1+2\boldsymbol{\alpha}_2$.
5、6. 提示：用定义证明.

3.4

1. (1)等价；　　(2)3.
2. (1)D；　　(2)C.
3. 秩为2，且 $\boldsymbol{\alpha}_1,\boldsymbol{\alpha}_3$ 为一个最大无关组.（注：最大无关组不唯一）
4. 线性相关，$\boldsymbol{\alpha}_1,\boldsymbol{\alpha}_2,\boldsymbol{\alpha}_3$ 为一个最大无关组，且 $\boldsymbol{\alpha}_4=\boldsymbol{\alpha}_1+3\boldsymbol{\alpha}_2-\boldsymbol{\alpha}_3$.
5. $R(\boldsymbol{A})=2$，且 $\boldsymbol{\alpha}_1,\boldsymbol{\alpha}_2$ 为矩阵 $\boldsymbol{A}$ 的列向量组的一个最大无关组.

3.5

1. (1) -2；　　(2) k_1.
2. $\boldsymbol{\lambda}=-2\boldsymbol{c}=(-2,2,-1)^{T}$.
3. $\boldsymbol{b}_1=(1,1,1)^{T},\boldsymbol{b}_2=(-1,0,1)^{T},\boldsymbol{b}_3=\frac{1}{3}(1,-2,1)^{T}$.

3.6

1. (1) $\boldsymbol{A}^{T}\boldsymbol{A}=\boldsymbol{E}$，$\boldsymbol{A}^{T}=\boldsymbol{A}^{-1}$；　　(2)都是单位向量，且两两正交.
2. (1)不是；　　(2)是.
3. 提示：利用对称矩阵与正交矩阵的定义.

3.7

1. (1)3；　　(2) $(1,1,-1)^{T}$；　　(3) 0.
2. (1) V_1 是向量空间；　　(2) V_2 不是向量空间.
3. 2维. 提示：只须证明两向量组等价即可.

4. $\boldsymbol{v}_1 = 2\boldsymbol{\alpha}_1 + 3\boldsymbol{\alpha}_2 - \boldsymbol{\alpha}_3$, $\boldsymbol{v}_2 = 3\boldsymbol{\alpha}_1 - 3\boldsymbol{\alpha}_2 - 2\boldsymbol{\alpha}_3$.

第三章 自 测 题

一、1. $\boldsymbol{\alpha} = (1,2,3,4)^{\mathrm{T}}$；　2. $n - m$；

3. 无关；　4. $\begin{pmatrix} 1 & 0 & 1 \\ 2 & 2 & 0 \\ 0 & 3 & 3 \end{pmatrix}$.

二、1. A；　2. A；　3. A.

三、向量组 $\boldsymbol{A}$ 线性相关，且 $R(\boldsymbol{A}) = 3$，其中 $\boldsymbol{\alpha}_1, \boldsymbol{\alpha}_3, \boldsymbol{\alpha}_4$ 是此向量组的一个最大无关组，$\boldsymbol{\alpha}_2 = \boldsymbol{\alpha}_1 + 3\boldsymbol{\alpha}_3$，$\boldsymbol{\alpha}_5 = \boldsymbol{\alpha}_1 + \boldsymbol{\alpha}_3 + \boldsymbol{\alpha}_4$.

四、略.　五、略.

六、V 构成向量空间，且 V 的维数为 2.

4.1

1. (1) $R(\boldsymbol{A}) < n$；　(2) 1.

2. (1) D；　(2) A；　(3) A；　(4) D.

3. $\begin{pmatrix} x_1 \\ x_2 \\ x_3 \\ x_4 \end{pmatrix} = k \begin{pmatrix} 4 \\ -9 \\ 4 \\ 3 \end{pmatrix} \ (k \in \mathbf{R})$.　4. $\begin{pmatrix} x_1 \\ x_2 \\ x_3 \end{pmatrix} = k \begin{pmatrix} -1 \\ 1 \\ 1 \end{pmatrix} \ (k \in \mathbf{R})$.

5. $\begin{pmatrix} x_1 \\ x_2 \\ x_3 \\ x_4 \\ x_5 \end{pmatrix} = k_1 \begin{pmatrix} -1 \\ 1 \\ 0 \\ 0 \\ 0 \end{pmatrix} + k_2 \begin{pmatrix} -1 \\ 0 \\ -1 \\ 0 \\ 1 \end{pmatrix} \ (k_1, k_2 \in \mathbf{R})$.

6. 基础解系 $\boldsymbol{\xi}_1 = (-1, 3, -2, 1, 0)^{\mathrm{T}}$，$\boldsymbol{\xi}_2 = \left(\frac{9}{4}, -\frac{11}{4}, \frac{5}{4}, 0, 1\right)^{\mathrm{T}}$，

通解 $\begin{pmatrix} x_1 \\ x_2 \\ x_3 \\ x_4 \\ x_5 \end{pmatrix} = k_1 \begin{pmatrix} -1 \\ 3 \\ -2 \\ 1 \\ 0 \end{pmatrix} + k_2 \begin{pmatrix} 9 \\ -11 \\ 5 \\ 0 \\ 4 \end{pmatrix} \ (k_1, k_2 \in \mathbf{R})$.

4.2

1. (1) $\boldsymbol{Ax}=\boldsymbol{b}$; (2) $a=-2$.

2. (1) D; (2) C.

3. $\begin{pmatrix}x_1\\x_2\\x_3\\x_4\end{pmatrix}=k_1\begin{pmatrix}3\\3\\2\\0\end{pmatrix}+k_2\begin{pmatrix}-3\\7\\0\\4\end{pmatrix}+\begin{pmatrix}\frac{5}{4}\\-\frac{1}{4}\\0\\0\end{pmatrix}(k_1,k_2\in\mathbf{R})$.

4. $\lambda\neq1$,无解；$\lambda=1$,有无穷解，$\begin{pmatrix}x_1\\x_2\\x_3\\x_4\end{pmatrix}=k_1\begin{pmatrix}\frac{3}{5}\\\frac{1}{5}\\1\\0\end{pmatrix}+k_2\begin{pmatrix}0\\1\\0\\1\end{pmatrix}+\begin{pmatrix}\frac{2}{5}\\-\frac{1}{5}\\0\\0\end{pmatrix}(k_1,k_2\in\mathbf{R})$.

5. 方程组的通解 $\boldsymbol{x}=k\begin{pmatrix}3\\4\\5\\6\end{pmatrix}+\begin{pmatrix}2\\3\\4\\5\end{pmatrix}(k\in\mathbf{R})$.

6. $\begin{pmatrix}x\\y\\z\end{pmatrix}=k\begin{pmatrix}-2\\1\\1\end{pmatrix}+\begin{pmatrix}-1\\2\\0\end{pmatrix}(k\in\mathbf{R})$.

第四章　自　测　题

一、1. $n-r$, n.

二、1. B; 2. C.

三、当 $\lambda=-2$ 或 $\lambda=1$ 时有解. 当 $\lambda=1$ 时，$\begin{pmatrix}x_1\\x_2\\x_3\end{pmatrix}=k\begin{pmatrix}1\\1\\1\end{pmatrix}+\begin{pmatrix}1\\0\\0\end{pmatrix}(k\in\mathbf{R})$；当 $\lambda=-2$ 时，

$\begin{pmatrix}x_1\\x_2\\x_3\end{pmatrix}=k\begin{pmatrix}1\\1\\1\end{pmatrix}+\begin{pmatrix}2\\2\\0\end{pmatrix}(k\in\mathbf{R})$.

四、$\lambda=1$; $R(\boldsymbol{B})=1$.

五、$R(\boldsymbol{A})=2$,故 $c=1$. 通解为 $\boldsymbol{x}=k_1\begin{pmatrix}1\\-1\\1\\0\end{pmatrix}+k_2\begin{pmatrix}0\\-1\\0\\1\end{pmatrix}(k_1,k_2\in\mathbf{R})$.

六、当 $a\neq1$ 时,有唯一解;当 $a=1,b\neq-1$ 时,无解;当 $a=1,b=-1$ 时,有无穷多解,此时解为 $\begin{pmatrix}x_1\\x_2\\x_3\\x_4\end{pmatrix}=k_1\begin{pmatrix}1\\-2\\1\\0\end{pmatrix}+k_2\begin{pmatrix}1\\-2\\0\\1\end{pmatrix}+\begin{pmatrix}-1\\1\\0\\0\end{pmatrix}(k_1,k_2\in\mathbf{R})$.

七、$k\begin{pmatrix}1\\1\\\vdots\\1\end{pmatrix}(k\in\mathbf{R})$.

八、$\begin{pmatrix}x_1\\x_2\\x_3\end{pmatrix}=k\begin{pmatrix}1\\5\\-2\end{pmatrix}+\begin{pmatrix}0\\-1\\1\end{pmatrix}(k\in\mathbf{R})$.

5.1

1. (1)1,任意 n 维非零向量;

(2) $\frac{1}{\lambda},\lambda^m,\frac{|\boldsymbol{A}|}{\lambda},\lambda,k\lambda,\varphi(\lambda)=a_0+a_1\lambda+\cdots+a_m\lambda^m$;

(3) $\lambda_3=-8$; (4) $a=-\frac{1}{2}$.

2. (1) $\lambda_1=0,\lambda_2=-1,\lambda_3=9$. 当 $\lambda_1=0$ 时, $\boldsymbol{P}_1=\begin{pmatrix}-1\\-1\\1\end{pmatrix}$,故 $k_1\boldsymbol{P}_1(k_1\neq0)$ 是对应于 $\lambda_1=0$ 的全部特征值向量.

当 $\lambda_2=-1$ 时, $\boldsymbol{P}_2=\begin{pmatrix}-1\\1\\0\end{pmatrix}$,故 $k_2\boldsymbol{P}_2(k_2\neq0)$ 是对应于 $\lambda_2=-1$ 的全部特征值向量;

当 $\lambda_3=9$ 时, $\boldsymbol{P}_3=\begin{pmatrix}\frac{1}{2}\\\frac{1}{2}\\1\end{pmatrix}$,故 $k_3\boldsymbol{P}_3(k_3\neq0)$ 是对应于 $\lambda_3=9$ 的全部特征值向量.

(2) $\lambda_1=\lambda_2=1,\lambda_3=-1$. 当 $\lambda_1=\lambda_2=1$ 时, $P_1=\begin{pmatrix}0\\1\\0\end{pmatrix},P_2=\begin{pmatrix}1\\0\\1\end{pmatrix}$, 故 $k_1P_1+k_2P_2$ 是对应于 $\lambda_1=\lambda_2=1$ 的全部特征值向量．当 $\lambda_2=-1$ 时, $P_3=\begin{pmatrix}-1\\0\\1\end{pmatrix}$, 故 $k_3P_3(k_3\neq 0)$ 是对应于 $\lambda_3=9$ 的全部特征值向量.

3. 提示:利用特征值的定义证明.

4. $A=\begin{pmatrix}0&2&2\\2&0&-2\\2&-2&0\end{pmatrix}$.

5.2

1. (1)不能;因为 A 没有两个线性无关的特征向量;

(2)相同,特征值;　(3)相似;　(4) $\lambda_1,\lambda_2,\cdots,\lambda_n$.

2. (1) $\lambda=-1,a=-3,b=0$.

(2)不能,因为没有三个线性无关的特征向量.

3. 26, -2, -4.

5.3

1. (1)对角矩阵;

(2) $p_3=(x_1,x_2,x_3)^T=k(-1,\ 2,\ 1)^T,k\in\mathbf{R}$.

2. $(P_1,P_2,P_3)=\begin{pmatrix}-\frac{2}{\sqrt5}&\frac{2\sqrt5}{15}&-\frac13\\\frac{1}{\sqrt5}&\frac{4\sqrt5}{15}&-\frac23\\0&\frac{\sqrt5}{3}&\frac23\end{pmatrix}$ 使 $P^{-1}AP=\begin{pmatrix}1&0&0\\0&1&0\\0&0&10\end{pmatrix}$. 注:答案不唯一.

3. $A=\frac13\begin{pmatrix}-1&0&2\\0&1&2\\2&2&0\end{pmatrix}$.

4. (1) $x=0,y=-2$;　　(2)可逆矩阵 $P=\begin{pmatrix}0&0&1\\-2&1&0\\1&1&-1\end{pmatrix}$.

5.4

1. (1) $f(x_1,x_2,x_3)=x_1^2+2x_2^2+3x_3^2+4x_1x_2-2x_2x_3+8x_1x_3$;

(2) $\begin{pmatrix}1&1&0&0\\1&-1&2&0\\0&2&3&1\\0&0&1&2\end{pmatrix}$, 4.

5.5

1. $a=2$；正交变换为：$\begin{pmatrix}x_1\\x_2\\x_3\end{pmatrix}=\begin{pmatrix}1&0&0\\0&1/\sqrt{2}&-1/\sqrt{2}\\0&1/\sqrt{2}&1/\sqrt{2}\end{pmatrix}\begin{pmatrix}y_1\\y_2\\y_3\end{pmatrix}$；且有 $f=2y_1^2+5y_2^2+y_3^2$.

2. $\begin{pmatrix}x_1\\x_2\\x_3\end{pmatrix}=\begin{pmatrix}1&0&0\\0&1/\sqrt{2}&1/\sqrt{2}\\0&1/\sqrt{2}&-1/\sqrt{2}\end{pmatrix}\begin{pmatrix}y_1\\y_2\\y_3\end{pmatrix}$,使 $f=4y_1^2+4y_2^2+2y_3^2$.

3. $\boldsymbol{A}$ 与 $\boldsymbol{B}$ 相似,合同.

5.6

1. $f=(x+2y+z)^2=y_1^2$.

2. 可逆变换矩阵 $\begin{pmatrix}1&1&2\\0&1&2\\0&0&1\end{pmatrix}$,使 $f=y_1^2+y_2^2-2y_3^2$.

5.7

1. $-1<t<1$.
2. f 为负定 . 3. 提示:用特征值进行证明.
3. 略.

第五章　自　测　题

一、1. $\lim\limits_{n\to\infty}\boldsymbol{A}^n=\lim\limits_{n\to\infty}\boldsymbol{P}\begin{pmatrix}(1/3)^n&0&0\\0&(1/4)^n&-1\\0&0&(1/5)^n\end{pmatrix}\boldsymbol{P}=\boldsymbol{0}$.

2. −6, $\boldsymbol{A}^*$ 的特征值为 $-2,6,-3$, $|3\boldsymbol{A}+\boldsymbol{E}|=10\times(-2)\times7=-140$.
3. $x=0$.

4. 秩为 3，$a=5$，$b=\pm 2$.

5. $m<-\dfrac{27}{2}$.

二、1. C；　2. D；　3. B；　4. A；　5. C.

三、$\lambda_1=\dfrac{3}{4},\lambda_2=\dfrac{3}{2},\lambda_3=3,\lambda_4=6$.

四、$\boldsymbol{A}=\begin{pmatrix}4&1&1\\1&4&1\\1&1&4\end{pmatrix}$.

五、$\lambda_1=\lambda_2=-1$，$\lambda_3=5$，当 $\lambda_1=\lambda_2=-1$ 时，得 $\boldsymbol{P}_1=\begin{pmatrix}-1\\1\\0\end{pmatrix}$，$\boldsymbol{P}_2=\begin{pmatrix}-1\\0\\1\end{pmatrix}$.

当 $\lambda_3=5$ 时，得 $\boldsymbol{P}_3=\begin{pmatrix}1\\1\\1\end{pmatrix}$.

由于 $\boldsymbol{A}$ 为对称矩阵，故 $\boldsymbol{A}$ 能对角化．可逆矩阵 $\boldsymbol{P}=(\boldsymbol{P}_1,\boldsymbol{P}_2,\boldsymbol{P}_3)=\begin{pmatrix}-1&-1&1\\1&0&1\\0&1&1\end{pmatrix}$，$\boldsymbol{A}^{10}=$

$$\frac{1}{3}\begin{pmatrix}5^{10}+2&5^{10}-1&5^{10}-1\\5^{10}-1&5^{10}+2&5^{10}-1\\5^{10}-1&5^{10}-1&5^{10}+2\end{pmatrix}.$$

六、正交变换为：$\begin{pmatrix}x_1\\x_2\\x_3\end{pmatrix}=\begin{pmatrix}0&1/3&4/3\sqrt{2}\\1/\sqrt{2}&2/3&-1/3\sqrt{2}\\1/\sqrt{2}&-2/3&1/3\sqrt{2}\end{pmatrix}\begin{pmatrix}y_1\\y_2\\y_3\end{pmatrix}$，使 $f=11y_2^2+2y_3^2$.

七、(1) 证明：设 λ 是 $\boldsymbol{A}$ 的特征值，$\lambda^2+\lambda$ 是 $\boldsymbol{A}^2+\boldsymbol{A}$ 的特征值，而零矩阵的特征值为零，则只有 $\lambda^2+\lambda=0$，得 $\lambda=0,-1$.

(2) 证明：$\boldsymbol{A}$ 与 $\boldsymbol{B}$ 相似，存在可逆矩阵 $\boldsymbol{P}$，使 $\boldsymbol{P}^{-1}\boldsymbol{A}\boldsymbol{P}=\boldsymbol{B}$，$\boldsymbol{B}^{-1}=(\boldsymbol{P}^{-1}\boldsymbol{A}\boldsymbol{P})^{-1}=\boldsymbol{P}^{-1}\boldsymbol{A}^{-1}\boldsymbol{P}\boldsymbol{A}^{-1}$ 与 $\boldsymbol{B}^{-1}$ 相似.